中国农业科学院科技创新工程——果蔬茶类收获机械创新团队
国家重点研发计划项目——叶类蔬菜有序收获技术与装备研究（2017YFD0701304）

蔬菜生产机械化装备技术研究

肖宏儒　金　月　曹光乔　著

中国农业科学技术出版社

图书在版编目（CIP）数据

蔬菜生产机械化装备技术研究 / 肖宏儒，金月，曹光乔著. —北京：中国农业科学技术出版社，2019. 8

ISBN 978-7-5116-4340-7

Ⅰ. ①蔬… Ⅱ. ①肖… ②金… ③曹… Ⅲ. 蔬菜园艺—机械化生产—设备—研究 Ⅳ. ①S63

中国版本图书馆 CIP 数据核字（2019）第 174918 号

责任编辑 王更新 刘建国
责任校对 贾海霞

出 版 者 中国农业科学技术出版社
北京市中关村南大街12号 邮编：100081
电 话 （010）82106639（编辑室）（010）82109702（发行部）
（010）82109709（读者服务部）
传 真 （010）82106650
网 址 http: // www.castp.cn
经 销 者 各地新华书店
印 刷 者 北京富泰印刷有限责任公司
开 本 710mm × 1 000mm 1/16
印 张 7.5
字 数 139千字
版 次 2019年8月第1版 2019年8月第1次印刷
定 价 68.00元

作者介绍

肖宏儒，男，1958年生，二级研究员、硕士生导师。中国农业科学院科技创新工程“果蔬茶类收获机械”创新团队首席专家，现代茶叶产业技术体系茶园生产管理机械化岗位科学家、机械化室主任、茶产业技术体系执行专家组专家，农业农村部农机化科技创新田间管理机械化专业组专家、农业农村部茶叶种植技术指导专家组成员，兼任全国农业机械化与设施农业工程技术专家库成员、国家科技进步奖评审专家库成员、科技部科技创新创业人才推进计划评审专家库成员、全国茶产业技术创新联盟副理事长、江苏省农机推广协会理事和农机科研与产业委员会主任、中国茶叶学会茶机委员会副主任、江苏省农业机械学会理事、中国农业工程学会高级会员、江苏省农机局学术委员会成员、江苏省农作物秸秆综合利用专家组成员、安徽农业大学硕士生导师、扬州大学兼职教授等职。

先后主持农业农村部公益性行业科研专项、国家“十二五”科技支撑、“863”计划、江苏省科技支撑项目、江苏省三新工程项目、江苏省自主创新项目等国家、部、省级科技项目共计50余项，除在研项目外，均高质量通过验收。

开拓蔬菜机械化生产技术研究新领域，针对茎叶类蔬菜、结球类蔬菜、豆荚类蔬菜等亟待解决的生产机械化问题，依托中国农科院创新工程果蔬茶创新平台，提出适宜机械化收获的蔬菜栽培农艺模式，以及与收获配套的耕种装备作业“四度”模式，并先后研制出系列化蔬菜整地播种复式作业机、3CC-60松土除草机、3S-30光电气色复合式害虫捕获机。攻克茎叶类蔬菜无序收获、有序定向夹持输送、有序收集等关键技术，创制了芦蒿有序收割机、茎叶类蔬菜无序收获机、茎叶类蔬菜有序收获机；攻克结球类蔬菜高度精准控制切割、自适应夹持输送等关键技术，创制了自走式甘蓝收获机；探明青毛豆等豆荚类蔬菜收获机理，攻克螺旋梳刷低损伤脱荚等关键技术，创制了固定式青毛豆脱荚机、手扶自走式单行青毛豆收获机、多行自走式鲜食青大豆收获机。有效解决了该领域较为迫切的生产机械化实际问题。

获农业农村部科技进步奖、江苏省科技进步奖、中国农科院科技进步奖、农业农村部丰收计划奖、中国机械工业科技奖等省部级奖励21项；发表学术论文80篇（第一作者38篇），其中SCI、EI、ISTP等收录21篇，出版著作4部；获授权国家专利76项（均为第一发明人），其中发明专利23项；先后荣获江苏省农业开发先进科技工作者、中国农科院文明职工、产业开发先进个人、江苏省科工委科技标兵等称号。

曹光乔，男，1978年生，博士，研究员，农业农村部南京农业机械化研究所副所长。中国农业科学院“农机化技术系统优化与评价”创新团队首席助理，主要从事农业机械化工程技术研究，是全国农机化与设施农业工程技术咨询专家，中国农机学会青年工作委员会副主任，江苏农机学会副秘书长。

先后主持国家重点研发计划项目“蔬菜智能化精细生产技术与装备研发”、国家公益性行业科研专项课题“油菜机械化技术研究与集成示范-油菜机械化区域模式与技术体系研究”、“种养业生产装备与设施工程农业机械化工程-南方水旱轮作区农业机械化工程技术集成与模式优化”、“丘陵山地小型农机具技术研究与示范-丘陵山地农业机械化发展模式研究”等；主持农业农村部科研财政项目“南方水田区机械化耕整地问题研究”、“农机农艺技术融合发展战略、模式与对策研究”等；主持江苏省农业自主创新项目“江苏典型蔬菜机械化生产关键技术研究与集成示范”“设施草莓生产装备数字化与智能控制技术集成示范”，获中国农科院科技成果奖1项，江苏省科学成果奖2项。

近五年来，先后在中文核心期刊发表学术论文15篇，主参编出版《中国农业机械化区域发展战略研究》等学术专著5部。参与编制“十二五”“十三五”全国农业科技发展规划、全国农业机械化发展规划等4项，具备较强的学科方向把握和科研项目组织协调能力。

金月，女，1988年生，硕士，助理研究员。中国农业科学院科技创新工程“果蔬茶类收获机械”创新团队骨干成员，国家食用豆产业技术体系收获机械化岗位团队成员，长期从事蔬菜生产技术与装备研究。

负责蔬菜生产作业装备研发与配套工作，突破变速旋切碎土耕作、播量播深精准控制等技术，研制与收获配套的多种蔬菜耕种复式作业装备；突破茎叶类蔬菜无序收获、有序定向夹持输送、有序收集等技术，研制轻简型茎叶类蔬菜无序收获机、有序收获机等多种茎叶类蔬菜收获装备；攻克结球类蔬菜收获、青毛豆摘脱等关键技术，研制自走式甘蓝收获机、固定式青毛豆脱荚机、手扶自走式单行青毛豆收获机、多行自走式鲜食青大豆收获机；对降低菜农劳动强度、提高生产作业效率起到积极的推动作用。

参与国家重点研发计划项目“蔬菜智能化精细生产技术与装备研发”、江苏省农业科技自主创新资金项目“叶菜（不结球白菜、甘蓝）产业链技术创新与集成应用”、“江苏典型蔬菜机械化生产关键技术研究与集成示范”等国家、部省级项目10余项；发表学术论文20篇，其中EI收录4篇；获授权国家专利55项，其中发明专利15项，积累了丰富的科研经验和团队协作能力。

内容简介

本书主要阐述关于我国蔬菜生产机械化未来的发展模式，总结归纳最新作业装备的研究与设计过程，以及相应的试验、性能、效益等。可供蔬菜机械科研工作者、农业院校师生、农机推广鉴定人员以及广大的菜农朋友使用和参考，希望对我国蔬菜生产机械化发展起到一点积极作用。

本书共计七个章节，第一章绪论，论述了蔬菜产业背景、国内外蔬菜生产机械化现状及必要性，以及蔬菜机械化发展进程面临的主要问题。第二章蔬菜机械化作业技术模式，分别论述了适宜茎叶类蔬菜、结球类蔬菜和豆荚类蔬菜机械化生产的栽培模式、机械化配套技术等。第三章至第六章主要介绍了蔬菜生产机械化技术，其中：第三章蔬菜耕整地装备技术研究，论述了多工序西芹种植一体机的研究过程、试验等；第四章茎叶类蔬菜收获装备技术研究，分析了无序、有序收获装备国内外现状、存在的问题、未来发展趋势，论述了4GCD-600型叶菜无序收获机、4GCY-1200型茎叶类蔬菜有序收获机的研究与设计过程、试验等；第五章结球类蔬菜收获装备技术研究，分析了收获装备国内外研究现状、存在的问题，论述了4GYZ-1200型自走式甘蓝收获机的研究过程、试验等；第六章豆荚类蔬菜收获装备技术研究，论述了青毛豆脱荚试验装置、5TD60型固定式青大豆脱荚机的研究与设计过程、试验等。最后，第七章展望了蔬菜生产机械化技术。

总　序

蔬菜产业是我国农业农村经济发展的重要支柱产业，关乎农民“钱袋子”和城镇居民“菜篮子”。近年来，伴随着蔬菜生产面积和产量的不断增大，作为劳动密集型的蔬菜产业也面临着一些问题与挑战，劳动力紧缺、生产成本增高，机械化整体水平低，“无人种菜、无机可用”的问题日益突出，为解决困扰蔬菜产业可持续发展的问题，机械化是发展的必然方向。

我国多数地区的蔬菜种植分散、规模小，农艺粗放多样，菜园地形错综复杂，且蔬菜品种繁多、生长特性差异大，实现机械化生产难度大。虽然在过去十几年的蔬菜机械化发展历程中，蔬菜育苗、耕作、移栽、除草、收获等重要作业环节都有了相应的技术、相对成熟的作业装备，但已有装备仍存在前后工序不配套，机具适应性和作业效果差等问题，机械化综合水平不高。究其原因，主要有以下几点，一是蔬菜生产作业环境复杂，蔬菜品种多样，装备研发难度大，国外可借鉴的先进装备技术有限；二是蔬菜机械化研究起步晚，发展时间短，基础研究、技术储备等较薄弱；三是育、耕、种、管、收各环节装备配套性差，与种植农艺结合不紧密，相应的装备技术应用推广困难。蔬菜机械这种迟滞的发展，明显已经不能满足蔬菜生产机械化的需求。

“十二五”以来，蔬菜机械化逐渐受到国家的重视，在国家各级政府和相关政策的大力支持下，农业农村部南京农业机械化研究所果蔬茶机械创新团队研究人员，积极地投身于茎叶类蔬菜、结球类蔬菜和豆荚类蔬菜机械化的研究之中，针对蔬菜生产机械化的现状与问题，提出了适宜机械化的栽培技术模式，及与之相适应的耕种机具作业“四度”模式；结合栽培与“四度”模式，研发了相应的现代化作业装备，建立了蔬菜生产装备配套体系；形成了可复制、可推广的蔬菜机械化生产模式，对加快我国蔬菜产业结构转型升级，推动我国蔬菜机械化发展具有重要的作用。

为使成果尽快转化为实际生产力，团队总结撰写了《蔬菜生产机械化装备技术研究》一书，力求科技成果能以图文并茂的形式更加有效地推广。全书站在一个新的高度，俯瞰蔬菜机械化的发展历程，介绍了农艺标准化与“四度”模式等顶层设计思想，探讨了相应先进装备的研究设计新理念、方法与难点技术，详细介绍了团队取得的蔬菜生产装备技术成果的研究设计过程，是一本关于现代蔬菜机械研究设计的理论与方法力作，也是可供蔬菜机械设计参考的著作。相信该书的出版，将会为广大蔬菜科技工作者以及相关院校师生提供有益的技术参考，对于广大菜农关于机械化菜园规划、机械装备选用等具有现实的指导作用，从而进一步推动该领域的技术进步，促进和带动全国蔬菜轻简化绿色、高效生产。

作　者

2019年7月

目　录

第一章　绪　论……1

第一节　蔬菜产业背景……1

第二节　国内外蔬菜生产机械化概述……2

一、蔬菜生产机械化研究现状……2

二、我国蔬菜机械化进程面临的主要问题……7

第二章　蔬菜机械化作业技术模式研究……9

第一节　茎叶类蔬菜机械化作业模式与配套机具……9

一、茎叶类蔬菜生产机械化作业模式研究……9

二、茎叶类蔬菜生产机械化应用中存在的问题……11

三、我国茎叶类蔬菜机械化作业模式发展方向……12

第二节　结球类蔬菜机械化作业模式与配套机具……14

一、结球类蔬菜（甘蓝）生产现状……14

二、结球类蔬菜栽培模式研究……14

三、结球类蔬菜生产机械化作业模式研究……15

四、结球类蔬菜生产机械化应用中存在的问题……19

五、发展对策与建议……20

第三节　豆荚类蔬菜机械化作业模式与配套机具……21

一、豆荚类蔬菜生产现状……21

二、豆荚类蔬菜机械化生产相关配套机具……21

第三章　蔬菜耕整地装备技术研究……24

一、总体设计要求与工作原理……24

二、关键部件设计……26
三、样机田间试验……28
四、结论……31
第四章　茎叶类蔬菜收获装备技术研究……33
第一节　概　述……33
一、背景……33
二、茎叶类蔬菜收获装备技术的国内外研究现状……33
三、存在的问题及发展趋势……42
第二节　4GCD-600型叶菜无序收获机……44
一、叶菜收获特性……44
二、机具的总体结构与工作原理……45
三、关键部件设计……46
四、各部件速度关系分析……49
五、样机田间试验……52
第三节　4GCY-1200型茎叶类蔬菜有序收获机……55
一、总体结构与工作原理……55
二、关键部件设计……57
三、样机田间试验……59
第五章　结球类蔬菜收获装备技术研究……65
第一节　概　述……65
一、国外甘蓝收获机的发展历程……66
二、国内甘蓝收获机的研究现状……69
第二节　4GYZ-1200型自走式甘蓝收获机……71
一、总体结构与工作原理……71
二、关键部件设计……73
三、样机田间试验……78
第六章　豆荚类蔬菜收获装备技术研究……81
第一节　概　述……81
一、背景……81

二、豆荚类蔬菜收获装备技术的国内外研究现状……81
第二节　基于立式辊机构的青毛豆脱荚装置……82
一、装置工作原理及运动分析……82
二、试验材料与方法……86
三、试验结果与分析……88
第三节　5TD60型固定式青大豆脱荚机……92
一、总体结构和工作原理……92
二、主要工作部件设计……94
三、样机田间试验……95
四、结果分析……96
五、结论……97
第七章　蔬菜生产机械化技术展望……98
一、蔬菜收获机通用性有待提高……98
二、有序收获技术与装备研发是研究重点……98
三、茎叶类蔬菜带根收获机需求迫切……98
四、结球类蔬菜收获机应致力于提升智能化程度……99
五、加强种植农艺规范性和农机农艺融合……99
主要参考文献……100
后　记……102

第一章　绪　论

第一节　蔬菜产业背景

我国是蔬菜生产大国，蔬菜播种面积和产量分别占世界总量的40%和50%以上，且呈连续增长态势[1]。2012—2016年全国蔬菜种植面积和产量统计如表1-1所示，2016年全国蔬菜种植面积2 232.83万hm^2，总产量79 779.71万t，蔬菜出口总金额122.95亿美元，比上年增长了14.8%[2]。随着社会与经济的发展，人们转变追求健康的饮食生活方式，蔬菜在我国居民食品消费中所占的比例持续增加，居民对蔬菜消费的需求量不断提升，促进了我国蔬菜产业的发展。

蔬菜产业是农业农村经济发展的重要支柱产业，与农民“钱袋子”和城镇居民“菜篮子”息息相关。据统计，我国直接从事蔬菜生产的人员约9 000万。我国蔬菜机械化生产起步晚，蔬菜种收以人工为主，即使在农机生产强省江苏省，其主要粮食农作物综合机械化水平达82%，而设施蔬菜综合机械化水平只有26.8%[3]。目前我国蔬菜机械化生产仍处于初级阶段，蔬菜生产综合机械化水平不足25%，严重制约了我国蔬菜产业的发展[4]。

表1-1　2012—2016年全国蔬菜种植面积和产量

年份	2012	2013	2014	2015	2016
种植面积（万hm^2）	2 035.26	2 089.94	2 140.48	2 199.97	2 232.83
总产量（万t）	70 883.06	73 511.99	76 005.48	78 526.10	79 779.71

数据来源：国家统计局

本书介绍的蔬菜生产机械化主要包括茎叶类蔬菜生产机械化、结球类蔬菜生产机械化和豆荚类蔬菜生产机械化，其中茎叶类蔬菜包括菠菜、鸡毛菜、小青菜、芦蒿等，结球类蔬菜包括甘蓝、大白菜、青菜头等；豆荚类蔬菜包括青毛豆、豌豆、蚕豆等。蔬菜生产过程中人工成本占蔬菜生产总成本的主要部分，例如茎叶类蔬菜生产的劳动力成本约占总成本的60%，结球类蔬菜生产的劳动力成本约占总成本的50%。然而农村人口的不断转移，人口老龄化加速，劳动力成本不断增高，从事蔬菜耕、种、管、收等作业的劳动力日益紧缺，用工贵、用工难成不争的事实。虽然人工费在不断攀升，但蔬菜产业依旧是农民收入的主要来源之一，随着居民对蔬菜需求增加、城郊失地、劳动力流失，使得确保蔬菜产量增加、质量安全、价格稳定的难度加大。

在蔬菜生产过程中，收获作业占整个作业量的40%左右，由于不同蔬菜之间的生态学特性有差异，蔬菜的通用收获有着较大的复杂性。目前国内蔬菜收获大部分由人工完成，人工收获效率低，劳动强度大，近年随着劳动力价格增长，人工收获费用在蔬菜生产成本中所占的比例也大幅度提升，一批蔬菜收获机械在市场潮流推动下应运而生。为提高蔬菜收获效率、减轻人工劳动强度、增加产品效益、保证国内蔬菜产业健康稳定发展，加快蔬菜收获机的设计与研究已成为蔬菜生产产业化的迫切需要。

农业科技中央一号文件与现代农业发展规划中，强调实现精准农业，农机化科技发展要以主要农作物机械化共性技术等研究为重点；提倡原始创新与集成创新，大力发展农业机械装备。加快农业机械化，加强先进适用、安全可靠、节能减排、生产急需的农业机械研发推广，并优化农机装备结构，加快发展现代设施农业，提高设施农业装备智能化、自动化水平。此外，近些年来，机械的节能减排显得越来越重要，用高效、低排、低耗的“低碳农机”装备现代农业已经成为当务之急。

第二节　国内外蔬菜生产机械化概述

一、蔬菜生产机械化研究现状

蔬菜品种繁多，主要分为茎叶类蔬菜（菠菜、鸡毛菜、小青菜、芦蒿等），结球类蔬菜（甘蓝、大白菜、青菜头等），豆荚类蔬菜（青毛豆、豌豆、蚕豆等），茄果类蔬菜（西红柿、辣椒、茄子等），根茎类蔬菜（胡萝卜、洋葱、大蒜等）。蔬菜收获作业方式的多样性、复杂性是制约其全程机械化进程的主要因素，目前国内外蔬菜生产方式主要分为露地蔬菜和高效设施蔬菜，其机械化生产流程基本相同，分为收前作业机械化、收获作业机械化、收后作业机械化三大环节。

（一）蔬菜生产机械化国内现状

1. 蔬菜收前作业机械化现状

（1）蔬菜育苗机械化现状。我国蔬菜机械化育苗播种的研究应用起步较晚，始于20世纪70年代，经过多年的发展，取得了一定成果，但总体水平偏低，自动化、工厂化程度不高，自育自用仍为蔬菜种植户首选。70年代后期，我国开展了蔬菜电热温床育苗、嫁接育苗、穴盘育苗、无土育苗和综合高效的工厂化育苗等技术的研究，这些研究成果得到了一定的普及与推广。随着新农村建设的不断推进和深化，农村经济模式及种植业结构转型，集约化、规模化、机械化、产业化农业经营正成为主流趋势，也标志着我国设施育苗步入快速发展阶段。种植业必然走统一供种、统一育苗而后移栽的技术路线，最终实现育苗的工厂化生产、商品化供应。

（2）蔬菜耕整、播种、移栽等机械化现状。耕整地作业是蔬菜栽培主要作业环节之一，各地机械化程度均较高。近年，随着自动导航技术、激光平地技术等逐步推广，以及配套旋耕机、微耕机、深松机、开沟机、起垄机、平地机、双向犁、耕耙犁等耕整地机具完善，机械化作业的菜园精耕细作农艺基本得到满足[5]。温室蔬菜生产的耕作操作环节多、技术要求高，深耕、浅耕、平整、做畦、覆膜等环节组合。我国相继开发了一系列蔬菜作业专用机型，如小型菜园与温室用旋耕、起垄、平整、覆膜综合复式作业机，以及配套有机肥施肥机等相关机具，设施蔬菜耕整机械化已基本初步实现。

蔬菜播种形式多样，不同品种采用不同的播种方式，包括撒播、条播、穴播、精密播种，故对播种机的多样化和适应性要求高。我国蔬菜精量播种机的研究始于上世纪70年代初，最初主要以半精量、直播、条播为主。目前，国内精密播种机主要以气吸式、机械式等为主，气吸式精量播种机是一种高效的、精准的多用途播种机，具有较大的适应性，逐步成为今后发展的主流趋势。

我国钵苗栽植机械大都采用人工喂苗，机械栽植的半自动栽植方式。蔬菜、棉花、玉米、高粱、甜菜等经济类作物都属旱地作物，旱地移栽分为带土移栽、裸苗移栽，按持苗及植苗机构主要分为钳夹式（圆盘钳夹式、链条钳夹式）、导苗管式（导管推落苗式、导管指带落苗式、导管直落苗式）、吊篮式及挠性圆盘式等。栽植的作物不同，栽植机构型式不同，目前受露地种植面积减小、温室种植面积增加，蔬菜移栽的品种、育苗方式、苗龄、行株距、种植密度及栽植深度等方面地区差异性等因素影响。由于半自动栽植机结构简单、工作可靠，国外用于栽植蔬菜、烟草等，国内用于栽植玉米、高粱、棉花等。就目前国内情况而言，玉米与棉花的移栽已基本实现机械化作业，蔬菜移栽机械的大规模研究工作已逐渐起步，将来还有一定发展空间。

2. 蔬菜收获作业机械化现状

受我国不同地区菜园的土壤粘性、地形地貌、气候、作物生长特性等诸多因素限制，特别是蔬菜品种繁多、种植模式各异，收获方式完全不同，机具通用性差，逐一研制开发，费工误时不太现实。目前，国内根茎类蔬菜的机械化收获技术已基本成熟，而茄果类蔬菜、结球类蔬菜、豆荚类蔬菜、茎叶类蔬菜收获机械没有得到推广，例如国内的青菜、菠菜、甘蓝等蔬菜收获机研究较少，主要为日本、意大利机具。由于蔬菜收获品种、形态繁多，市场临散，我国蔬菜收获主要采用人工收获或购买国外相关机具等方式。近年，农业农村部南京农业机械化研究所研制了手扶式茎叶类蔬菜收获机、固定式分段青大豆收获机、自走式青大豆联合收获机等系列机具，已逐步展开叶类蔬菜、豆荚类蔬菜等收获问题的研究。

3. 蔬菜收后作业机械化现状

蔬菜外形、色泽、口感、卖相、新鲜、营养等决定蔬菜销售价格，因此收后蔬菜为提高自身售价，进行必要的加工工艺与后继处理是非常重要的。蔬菜收后机械化加工主要包括：蔬菜清洗、分级、包装、运输、冷藏、脱水、农副产品加工、干燥等。目前，我国净菜加工设备已经完善，在净菜加工生产线中，蔬菜清洗机是加工的关键设备。由于蔬菜种类多，大致可分为：根茎类蔬菜、茄果类蔬菜、叶类蔬菜等，所以蔬菜清洗机有很强的针对性、品种繁多。

目前，国内蔬菜清洗机大致可分为两类：一是用于清洗根茎类蔬菜和结球类蔬菜的清洗机，如白萝卜、胡萝卜、大白菜、甘蓝、青菜头、红薯、甘薯、芋头、甜菜和生姜等；二是用于清洗茎叶类蔬菜的清洗机，如菠菜、韭菜、小青菜、香菜、小白菜、马兰藤和菊花脑等，以及蘑菇、黄瓜、茄子和辣椒等表面易擦伤的蔬菜。目前，国内根茎类蔬菜清洗机多为毛辊式清洗机，工作原理是先将蔬菜浸泡、粗洗后，送入料斗，电机带动毛刷辊旋转对蔬菜进行刷洗，同时清水从四周对蔬菜进行喷淋与冲洗。叶类蔬菜清洗机大多采用水气浴原理，通过水汽浴和刮板翻搅对蔬菜进行清洗，具有清洗净度高、损伤率低等优点。

随着社会经济发展，居民生活水平提高，绿色蔬菜、有机蔬菜、无公害蔬菜等新的概念相继提出，发展蔬菜机械化加工技术对于丰富城镇居民菜篮子有着十分重要的意义。由于农民兄弟一直将蔬菜视为手工作业，机械化作业偏低，蔬菜运输、贮藏加工、包装等过程中损伤现象较为严重。此外，国内蔬菜的商品化处理和加工技术一直未受到足够重视，采后预处理措施、运输工具、贮藏加工、检验技术及设备诸方面均存在明显不足，致使产品保质期短，在运输及贮藏过程中损伤和变质现象严重，一般损耗在30%左右。因此，未来应大力发展蔬菜收后机械化加工技术与工艺。

（二）蔬菜生产机械化国外现状

蔬菜机械化的条件复杂，各国采用的方式不同，20世纪30年代欧美各国就已开展蔬菜机械化栽植和收获方面的研究。1931—1933年，前苏联研制了甘蓝收获机、块根拔取式收获机。1945年美国研制出黄瓜收获机、丸粒种子的蔬菜精量播种机等。20世纪50年代以后，欧洲国家相继研制出各种类型的蔬菜收获机械；日本、韩国受土地资源限制、人口老龄化等因素限制，也致力于温室蔬菜生产机械的研究开发，蔬菜生产机械化水平显著提高。日本蔬菜生产机械化在短短40多年间，得到了迅速发展，主要是走引进、消化、吸收路线。近年，随着日本劳动力不足与人口老龄化，对蔬菜机械化提出了更高的要求，向智能机器人采摘、智能头像识别、GPS导航技术、无人驾驶、节能化、机具通用化方向发展。

规模化、专业化的露地蔬菜生产，对大型蔬菜作业机械提出了需求。美国、意大利等国家生产的机械装备为代表，融合计算机、无线传感网络等信息技术，使大型蔬菜作业机械的智能化、自动化程度大幅度提高。整合激光平地技术、自动导航技术、精密播种技术、工厂化育苗、机械移栽、收获分级等，已基本满足专业化蔬菜作业全过程的生产需求。加拿大的蔬菜田间作业机械，融入了农田信息采集、专家决策系统，充分应用了地理信息系统（GIS）、全球定位系统（GPS）、农田遥感监测系统（RS）等精准农业的核心技术，根据电脑处方、产量在线检测、土壤肥力在线检测实施精细化田间作业。为适宜大型机械化全程作业，欧美很多农场只生产单一品种蔬菜，生产过程分工精细。蔬菜规模化种植对整地平整、机械化育苗、播种移栽、灌溉施肥、田间管理以及收获等关键作业环节的机械化，要求蔬菜田间作业机具具有大型化、智能化、自动化、通用性、一体化等组合功能。

此外，国外在蔬菜机械化生产过程的技术集成、标准化种植、资源利用和成本收益等方面开展了深入的研究，取得了一定的成效。日本农林水产省在1994年针对蔬菜种植面积小、栽培方式不一致以及装备作业效率低等问题，研究了卷心菜、白菜和生菜等11个作物的标准栽培模式（图1-1），并开展了适宜叶菜类蔬菜全自动移栽机的育苗盘的标准化研究。表明农机农艺相融合以及种植参数标准化的实施有效降低了蔬菜生产成本，对蔬菜生产机械化的普及和推广起到了重要的推动作用[6]。

澳大利亚MCPHEE等人[7]探索了固定道耕作技术在塔斯马尼亚蔬菜生产过程中的应用，研究了固定道耕作方式在复杂地形中的蔬菜生产布局设计，结果表明蔬菜生产过程中轮距和工作幅宽的标准化是集成化固定道耕作技术的核心内容，各环节作业机具对轮距和工作幅宽的兼容性或配套性是需要重点考虑的关键问题（图1-2）。

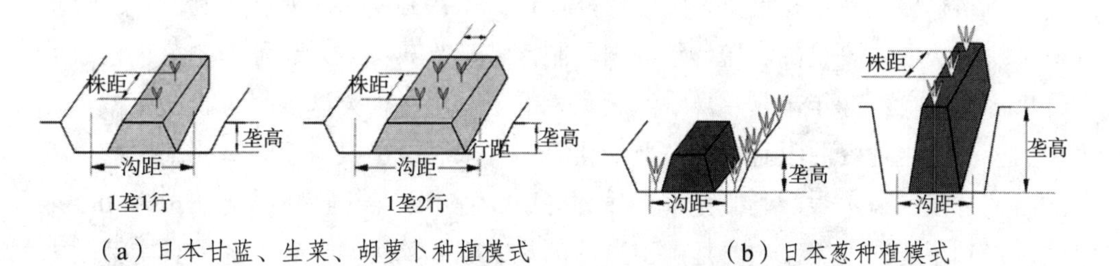

（a）日本甘蓝、生菜、胡萝卜种植模式　　（b）日本葱种植模式

图1-1　日本蔬菜种植模式示例

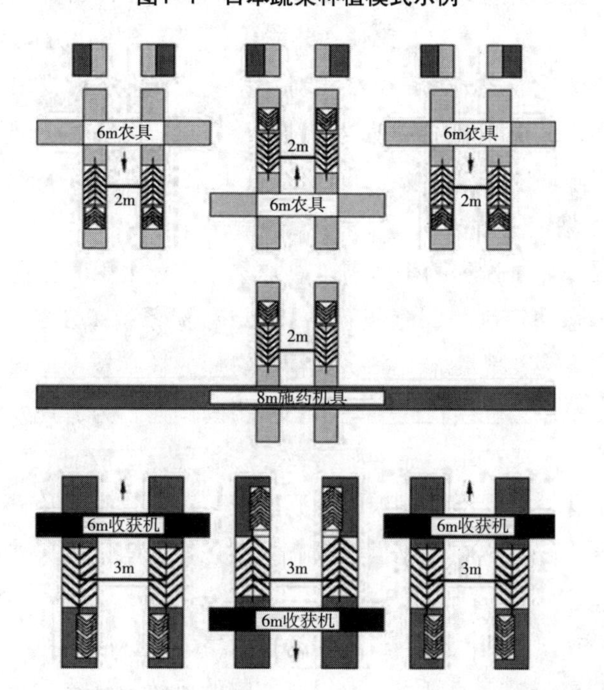

图1-2　澳大利亚固定道蔬菜谷物生产中2m和3m的轮距设备

综上所述，国外蔬菜生产技术与装备研发起步较早、技术领先、产品成熟，蔬菜生产机械经过长期发展，已实现了甘蓝、胡萝卜和番茄等众多蔬菜生产的全程机械化，生产机械也由最初单纯的机械式发展到机、电、液一体化，并逐步融入人工智能技术，大量蔬菜生产作业机械机型已实现商业化推广。其中欧美国家以自走式大型智能机械为主，日本、韩国等以轻简化的小型手扶式智能机械居多。

与发达国家相比，我国蔬菜生产机械起步较晚，整体水平与国外相比还有较大的差距。目前我国蔬菜生产综合机械化水平目前不足25%，大部分地区的蔬菜生产各环节主要依靠人工完成，主要存在以下几个方面的问题：蔬菜播种和水肥施用浪费严重，蔬菜定植技术也基本停留在需要人工投苗的半自动化水平，而蔬菜收获环节的机械化研究仍处于刚起步阶段，除部分根茎类蔬菜有相对成熟的收获机型外，多数蔬菜收获机械仍处于理论研究与试验阶段，尚无成熟可用的商业推广机型，蔬菜机械化的需求十分迫切。本书介绍的蔬菜生产机械化主要包括：茎叶类蔬菜、结球类蔬菜和豆荚类蔬菜的收前作业机械化和收获作业机械化，具体环节装备技术的研究现状和装备介绍在后续章节中将进行详细论述。

二、我国蔬菜机械化进程面临的主要问题

（一）我国蔬菜生产机械化的必要性与紧迫性

我国是农业大国也是人口大国，巨大的人口基数使得我国人均自然资源保有量远低于世界发达国家平均水平。蔬菜已成为我国第一大类农作物之一，是农民增收的主导产业，随着国内外对蔬菜的市场需求量持续增加，近几年我国蔬菜产业迅速发展。然而我国农村劳动力紧缺日益严重，导致蔬菜生产用工贵、用工难的问题日趋突出，蔬菜产业面临着巨大的挑战。因此，在兼顾农业可持续发展的前提下，加大科技投入和政策扶持，以提高劳动生产率和土地产出率、保障蔬菜种植收益为目标，大力发展农业机械化是提高蔬菜产业竞争力十分迫切的必然选择。

（二）我国蔬菜生产机械化缺乏自主性与适用性

从国内外蔬菜各生产环节机械化的研究现状可以看出，国外蔬菜生产机械化经过长期的积累和发展，在土地耕作、播种育苗、定植移栽、施肥灌溉、采收分级等环节机具的关键农艺参数上保持良好的协调一致性，由于欧美国家多以大规

模的农场生产模式为主，种植面积平坦而广阔，因此国外的蔬菜生产装备作业效率高，专用性强，大多体型庞大、价格昂贵，使用维修和保养困难。我国蔬菜种植田块分布广泛且相对分散，基本以6～8m大棚和农户小面积种植为主。此外，我国是世界上蔬菜种类最多的国家，仅叶类蔬菜就多达230余种，部分田块的蔬菜存在套种的现象，蔬菜生产机械化水平低，收获主要仍依靠人工完成。此外，我国蔬菜生产机具存在照搬国外产品，研发设计过程主要依靠经验完成，缺乏自主创新性。由于我国蔬菜生产种植环境田块小、分布广、蔬菜种类多，且蔬菜生产存在种植农艺粗放不统一、规范性差等问题，使得照搬国外经验设计的蔬菜生产机具存在机具功能单一，在我国特殊的蔬菜生产环境下缺乏适用性。

（三）我国蔬菜收获机械化缺乏通用性与先进性

我国蔬菜种类繁多，且同一种蔬菜在不同的生长环境下具有不同的生长特性，由于缺乏统一的生产种植标准，即使是相同种类的蔬菜对于机械化收获的要求也有显著差异，这就对蔬菜机械化收获机具的通用性提出了更高的要求，以降低机具购置在蔬菜生产过程中所占的成本。此外，我国蔬菜收获机具存在机械结构形式单一和智能化程度低的问题，在传感检测技术、自动控制技术和图像识别与数字化处理等先进的智能化技术方面与国外先进水平仍有较大差距。

（四）我国蔬菜生产机械化缺乏系统性与战略性

蔬菜生产机械化是一项复杂的系统工程，涉及育种栽培、水肥管理、病虫害防治和田间收获等环节。例如，蔬菜收获机械化不是独立的环节，而是与其他生产环节紧密相关的。要实现蔬菜生产的机械化需要从蔬菜生产全局考虑，系统性地规划各生产环节的关键技术参数，从根本上解决农机农艺不配套，以及各环节生产机具发展不均衡的问题。此外，根据实际情况引导和带领具有地方特色的蔬菜实现规模化种植，提高机具的使用率，降低劳动强度和机具使用成本，确保蔬菜生产过程的经济效益，为加速我国蔬菜生产机械化的发展进程，提高我国蔬菜产业国际竞争力奠定了坚实的基础。

第二章　蔬菜机械化作业技术模式研究

第一节　茎叶类蔬菜机械化作业模式与配套机具

近年来，全国蔬菜生产始终保持着稳定发展的上升态势，蔬菜产量逐年增加，蔬菜销售价格一方面受气象条件的影响，另一方面受栽培模式和人工成本高等条件的制约也持续走高。由于我国茎叶类蔬菜品种丰富、种植农艺复杂，蔬菜生产机械化研究起步晚、发展慢、技术水平不成熟。目前，茎叶类蔬菜生产中的单一环节，如耕整地、移栽、田间管理等环节机械化程度较高，但存在各环节间作业参数不配套、作业性能不达标等问题，严重制约了蔬菜生产装备技术的应用和发展。此外，我国茎叶类蔬菜收获装备技术研究的难点是如何实现有序收获，使机械化收获后的普通白菜（小油菜）、茼蒿、韭菜等茎叶类蔬菜整齐入箱，便于包装整理，这与国外的采收方式截然不同[8, 9]。

一、茎叶类蔬菜生产机械化作业模式研究

（一）传统人工生产模式

目前，全国大部分茎叶类蔬菜生产基地和园区除耕地基本上都实现了机械化操作外，其他生产环节仍以人工作业为主。常见的生产模式是：首先采用微耕机或旋耕机将田块耕一遍，然后由人工拉线做畦，再用手扶式播种机进行条播或人工撒播，或人工将育好的秧苗在畦上进行移栽，生长过程中还需要根据实际种植情况进行补苗或间苗，最后由人工对茎叶类蔬菜进行采收。

（二）机械化配套作业模式

茎叶类蔬菜生产机械化全过程需配置的设备有：1台25～40kW大棚王拖拉机作为动力主机，配备整地播种复式作业机，根据栽培需要可以一次性完成旋耕、

开沟、做畦、施肥、播种、平整、镇压作业，或配置整地移栽复式作业机，一次性完成旋耕、开沟、做畦、施肥、镇压、覆膜、移栽作业；1台光电气色复合式害虫捕获机，通过灯光诱集、色板诱杀、负压风机二次捕杀害虫的手段，实现对茎叶类蔬菜上虫害的物理绿色防控；1台行间除草机，对于生长期较长的露地种植蔬菜，通过割断杂草并粉碎还田，实现种植作物行间杂草去除；1台收获机，根据茎叶类蔬菜种类、设施结构或露地种植规模、收获要求等因素确定适合的采收机械。需要特别注意的是，配置的茎叶类蔬菜耕种作业装备必须达到规定的土壤细碎度、畦面平整度、畦面坚实度和栽种深度这“四度”作业规范要求，生产全程机械化设备的机械结构、作业参数等必须各环节间相配套，才能最大限度地发挥机具的作业性能，提升生产作业效率，实现生产全程机械化。

1. 配套耕整地机械化技术

为了确保茎叶类蔬菜生产各环节装备技术参数配套、性能协调统一，在满足大多数茎叶类蔬菜种植和生长要求的前提下，提出机械化旋耕做畦方式与规格标准如下：畦顶面宽1.2m，畦底宽1.3m，畦高10～15cm，沟宽20～30cm；对于土壤粘性不同（含水率不同）的田块，旋耕刀轴的转速应不同，作业过程中机具保持匀速直线行驶作业，降低耕深不稳定性，整地后田角余量少，田间无明显漏耕、壅土现象。

做畦作业时需保证畦的平直和畦距的一致性，畦面土壤细碎度≥90%，畦表面不平整度≤2cm；且在满足种子出苗率的前提下，应保证畦面有尽可能高的坚实度，利于后续种管收环节装备作业；做畦后应确保畦形完整，畦沟回土、浮土少，畦面上层土壤细碎紧实，以利于控制播种深度和出苗率，幼苗长势一致，下层土壤粗大松散、透气性好。

2. 配套种植机械化技术

根据栽培需要选择适宜的作业装备，在畦顶面宽度为1.2m的畦上进行播种或移栽，播种机或移栽机的栽种株行距、栽种深度、播种量及均匀性等需满足生产要求。此外，根据蔬菜生产需要进行深施肥、追肥等条施、撒施作业，根据施肥深度和肥料类型选择适用的施肥机。目前，为了耕种环节装备间能够更好的匹配，减少机具反复下地的次数，提高机具的利用率和多功能性，通常将播种或移栽、施肥功能与旋耕做畦复式作业机进行集成。

装备技术参数：播种行数12行（可调），行距10cm（可调），播种深度0.5cm；移栽行距25～50cm，株距15～50cm，移栽行数、播种量和施肥量的确定取决于茎叶类蔬菜生产的实际作业要求。作业中需在具有一定硬度的畦面上进行，栽种深度一致性、种肥均匀性要好。

3. 配套田间管理机械化技术

（1）蔬菜虫害物理综合防控技术。设施种植多采用色板和防虫网进行虫害防控，色板多为黄色诱虫板。露地种植宜选用色板和灯光诱集装置昼夜交替配合引诱害虫，克服色板无法夜间引诱和灯光诱集装置无法白天引诱的技术问题，灯光诱集装置可通过选择合适的光波波段来避免天敌误伤的问题；采用高压电网电杀，并利用负压风机进行二次捕杀，解决直接采用风机负压捕杀害虫时无选择性、噪音大而且容易损伤植物的问题；实现高效低耗、节能环保的自动化捕虫，为害虫物理防治提供理想的方案。

（2）蔬菜行间除草技术。通常采用甩刀粉碎还田或一字耐磨刀水平旋转切割原理除草，实现种植作物残株粉碎还田、行间杂草去除等，粉碎除草质量应达到碎草率≤10%，漏割率≤5%；根据残株、杂草的厚度调节粉碎的次数，达到适合的效果；根据作业需要加装碎草收集装置，集草率≥85%。

4. 配套采收机械化技术

在茎叶类蔬菜出苗整齐、长势较一致的规范化菜地中进行机械化收获作业，田块坡度在15°以下，茎叶高度10～40cm。根据茎叶类蔬菜种类、设施结构或露地种植规模、收获要求等因素确定适合的采收机械，如收获苜蓿（草头）、豌豆苗等蔬菜，宜选用跨行行走的无序收获机；收获鸡毛菜、芦蒿等蔬菜，宜选用有序收获机；收获设施大棚种植的蔬菜宜选用轻简型电动收获机，收获规模化露地种植的蔬菜宜选用乘驾型或多功能型收获机。

装备技术参数：机械切割幅宽1.2m，收获质量应达到损失率≤5%，茎叶破损率≤10%，收获效率≥1亩/h。

二、茎叶类蔬菜生产机械化应用中存在的问题

（一）缺少具有地方特色的茎叶类蔬菜规模化种植

近年来，随着农村劳动力不断向城镇化转移，部分地区实现了土地流转和稻麦等主要农作物的规模化生产。但茎叶类蔬菜由于品种繁多、田块分散、栽培农艺复杂等原因，仍存在种植规模小且农艺粗放、地方区域特色不明显等问题，导致机械化生产推广使用难。因此，为实现茎叶类蔬菜生产的全程机械化，解决茎

叶类蔬菜生产成本居高不下、菜价波动大等问题，首先要改变小农户小田块种植现状，形成具有地方特色的茎叶类蔬菜规模化生产。

（二）茎叶类蔬菜生产机械化发展失衡

主要体现在茎叶类蔬菜生产耕整地机械已相对成熟，茎叶类蔬菜育苗移栽取得重大突破，灌溉和植保技术突飞猛进，但是茎叶类蔬菜收获环节仍以人工采收为主，机械化进展缓慢。此外，茎叶类蔬菜收获环节生产成本占到茎叶类蔬菜生产总成本的35%～45%，且以劳动力成本为主，生产成本一路攀升已经成为茎叶类蔬菜产业发展的重要阻碍。

（三）农机与农艺脱节问题严重

缺少适宜机械化作业的茎叶类蔬菜种植农艺标准，如各地种植茎叶类蔬菜的行间距差别较大，部分地区还存在间种、套种的情况，增加了茎叶类蔬菜生产机械化的研发和应用难度。此外，茎叶类蔬菜生产全程机械化离不开各环节作业机具的协调配套，耕、种、管、收中某一环节作业不规范、机具性能不达标都会使后续环节受到影响，例如旋耕做畦机的畦宽和沟距与移栽机的定植行距和轮距不一致，移栽机作业性能会大大降低、甚至无法进行作业。

（四）国产茎叶类蔬菜机械与发达国家间的差距明显

国外的茎叶类蔬菜生产装备技术研发起步较早、技术领先、产品成熟，我国茎叶类蔬菜生产机械无论是作业效果，还是安全性、可靠性都与进口机械有较大差距，归其原因主要是国内研发单位以经验设计或简单改装为主，生产加工的零部件精度低，缺少系统、深入的设计研究和优化改进过程。此外，国内的茎叶类蔬菜机多数还是机械化、半自动化的生产机械装备，且功能单一，机械使用率低，多项技术仍需完善。

三、我国茎叶类蔬菜机械化作业模式发展方向

（一）建立完善的农艺标准

建立茎叶类蔬菜栽培农艺标准，适应机械化作业要求，这样既可降低生产机械化技术的研发和应用难度，也有利于机械化进程的顺利推进。因此，要实现茎叶类蔬菜生产全程机械化，首先要实现菜园栽培农艺的标准化。目前我国部分地区针对个别茎叶类蔬菜品种制定了相关生产技术规程和农艺标准，如《芥兰生产

技术规程》（DB 3205/T 181—2015）、《芹菜大棚越冬栽培技术规程》（DB32/T 1944—2011）等，但这些规程和标准均只提到了品种选育和种子处理、苗期和田间管理、病虫害防治等农业栽培方法和手段，既没有考虑机械化作业如何应用，也未提及针对生产机械化建立标准栽培农艺，如部分标准里提到撒播、间苗作业，一些标准里采取宽窄行或间作套种种植等，这些标准都应该根据机械化作业的特点补充修订。只有做到农机与农艺相互融合，二者相辅相成、优势互补，才能推进蔬菜生产机械化以及整个蔬菜产业的发展。

（二）建立机械化配套作业模式

目前我国茎叶类蔬菜采用露地种植和设施种植两种方式，包括普通白菜（小白菜）、菠菜、芦蒿、芹菜、苋菜、蕹菜（空心菜）等多种蔬菜，其机械化生产流程基本相同，包括耕整地、播种或移栽、田间管理、收获环节。而在茎叶类蔬菜生产机械化中，收获装备技术的研发一直是最难以突破的瓶颈问题，主要体现在现有收获装备普遍存在损伤高、效率低、归齐难等问题，且收获装备对栽培农艺要求较高。

因此，本文从农机农艺融合、生产装备配置角度提出露地和设施两种机械化生产栽培模式，以收获为导向倒推提出前序管、种、耕环节机具作业参数和性能要求；提出茎叶类蔬菜耕整地和种植装备的“四度”作业规范，即以土壤碎度、做畦平度、畦面硬度和栽种深度指标，指导蔬菜耕整地、种植和高效收获等关键装备统筹配置。以模式为引导选择相应栽培模式的机械化作业技术，包括机械化精细耕整地、精量播种、精量施肥、虫害物理防控和有序收获5个环节技术，并在全国典型蔬菜生产基地进行集成应用示范。

（三）形成“动力平台+”的通用化技术模式

根据茎叶类蔬菜品种、种植模式、菜园特征分类，提出“动力平台+”的菜园机械化发展模式。针对设施种植的茎叶类蔬菜，主要采用手扶式小型电动底盘，其具有小巧轻便、操作灵活和无污染的优点；针对露地平坡或缓坡种植的茎叶类蔬菜，根据土壤条件、蔬菜种类和作业动力选择轮式或履带自走式动力底盘，目的在于提高作业效率和设备的通过性；针对陡坡种植的茎叶类蔬菜，采用小型手扶式或背负式机械装备，设计具有快速拆装功能的模块化工作部件。建立以动力平台通用化及作业部件模块化为核心的技术模式，减少动力浪费、降低购置成本、提高机械的通用性和多功能性。

第二节　结球类蔬菜机械化作业模式与配套机具

一、结球类蔬菜（甘蓝）生产现状

在中国传统观念里，蔬菜一直是人们饮食中不可缺少的部分，并且蔬菜也给农村带来了巨大的经济利益，关乎农民的收入状况和城镇居民的饮食状况。近年来，随着我国社会经济持续增长，国家对种植业做出了相应的调整，蔬菜种植面积逐年增加。根据我国农业农村部统计资料显示，在2011年我国蔬菜总产量及总种植面积均已超过粮食作物，成为第一大类农作物，部分地区蔬菜已成为农民增收的主导产业。其中，甘蓝作为结球类蔬菜的典型代表作物，具有适应能力强、单位面积产量高、抗逆性和抗病性强、耐寒耐热、易储藏运输等优点，在四季周年供应中占有重要地位，因此我国甘蓝的栽培发展极其迅速，其播种面积和产量在所有蔬菜中位居第三，2012年我国甘蓝的种植面积超过印度，跃居世界第一；2016年我国甘蓝的种植面积达到200万hm^2，总产量达到3 600万t，约占世界甘蓝总产量的50%，是近年来栽培面积发展最快的长途运销蔬菜；除满足国内市场需求外，我国生产的甘蓝还大量销往东南亚地区和俄罗斯等国家。

甘蓝，又名卷心菜、洋白菜、包菜、包心菜、圆白菜等，是十字花科芸薹属的一年生或两年生草本植物。甘蓝起源于地中海至北海沿岸，早在4 000～4 500年前古罗马人和古希腊人就有栽培，16世纪开始引入到我国，目前甘蓝在我国东北、内蒙古、云南、四川等多地均有种植，其基生叶质厚，层层包裹成球状体，球径范围通常在10～30cm。

研究表明在甘蓝生产过程中，收获的用工量占到了甘蓝生产投入劳动量的40%左右，而甘蓝实现机械化收获可提升甘蓝生产效率2.8倍以上。我国甘蓝生产的机械化水平较低，收获大多数仍以人工为主，装备技术基本属于空白阶段，导致用工量增加、劳动强度增大、生产成本增高等问题，相对于粮食的机械化水平严重滞后，与其相应的地位严重不符，因此实现甘蓝机械化收获越来越迫切。目前国内甘蓝收获技术发展滞后，现有机型及作业装备匮乏，加快甘蓝生产装备技术的研发势在必行。

二、结球类蔬菜栽培模式研究

我国甘蓝的栽培模式主要有温室保护地栽培和露地栽培两种，温室保护地栽培是一种技术性较强的新型栽培技术，在秋、冬季节通过温室大棚栽培来提高产量，在我国内蒙古西北、东北等寒冷地区应用较广泛；露地栽培技术主要是以我国东北、西北和华北等一些高寒地区为主，在春、夏和秋季进行常规的、较为传统的栽培，这两种栽培方式主要根据当地的气候、地区、土质、季节、耕作管理水平等因素进行选择。

根据整地方法的不同，甘蓝栽培模式又分为以下两种：

（一）起垄栽培

在我国南方大部分地区，农民常采用起垄方式种植甘蓝，由于这些地区春季雨量比较充足，起垄栽培有利于灌溉和排水，起垄栽培时大多情况采用直行条播，起垄栽培基本参数：全垄宽120cm，垄面宽80～85cm，垄高20～30cm，沟宽25～30cm，每垄种植2～3行，行距40～50cm，株距40～50cm。我国北方地区春秋季甘蓝播种期间，普遍干旱少雨，无霜期短，为实现甘蓝的丰产和丰收，一些地方也采用起垄种植，起垄宽度一般为1.5m宽，每垄种植3行。目前国内正在研制的甘蓝收获机都是基于起垄栽培模式进行设计的。

（二）平作栽培

平作栽培是指在平翻或耙茬耕作的基础上，采用窄行条播，平播平管，一平到底的一种甘蓝栽培方法。这种栽培方法在我国南方和北方的一些灌溉条件较差、土壤肥力较低的旱地和山坡地上普遍存在，采用平作密植甘蓝。这样有利于抗旱保墒，在土地多、劳力少的情况下可以减少整地工作量。我国西北地区，普遍采用条播种植方式，一般行距40～50cm，株距40～50cm。

综上所述，一般大面积规模化种植的甘蓝优先推荐起垄模式进行栽培，根据起垄模式设计相应的起垄播种机和收获机，有利于实现甘蓝生产全程机械化。目前，本文提出的甘蓝起垄栽培模式如下：垄面宽70cm，垄底宽85cm，垄高10～15cm，垄沟宽20～30cm，种植甘蓝行距40～50cm，株距22～25cm。这种栽培模式有效保证甘蓝亩产的同时，更加有利于全程机械化作业。

三、结球类蔬菜生产机械化作业模式研究

（一）传统人工作业模式

目前，国内大部分结球类蔬菜生产基地或散户种植中，只有耕整地环节可实

现机械化作业，其他生产环节大部分仍以人工作业为主，只有一些大规模蔬菜生产基地或合作社拥有相应的耕整地机械、播种机械、植保机械等，收获作业的相关机械仍处于空白阶段。常见的生产作业模式即传统人工作业模式多见于散户种植，农民首先通过旋耕机或整地机将现有田块进行耕整，然后由人工拉线起垄，再进行人工撒播种植，或人工将育好的秧苗插在垄上进行种植，后续进行人工施肥、浇水灌溉等，生长过程中还会根据实际种植情况的需要进行补苗或间苗；田间管理作业环节，同样由人工喷洒药剂，进行防虫、除草等作业，最后由人工对结球类蔬菜进行采收。

（二）全程机械化作业模式

结球类蔬菜生产机械化全过程需要配置的机械装备有，由1台50kW以上的拖拉机作为主动力配置耕整地装备，例如，旋耕起垄播种复式作业机或整地移栽复式作业机，中耕除草机或行间除草机，低地隙喷雾机或施肥机，结球类蔬菜收获机等。需要特别注意的是，结球类蔬菜耕整地必须达到“四度”规范作业要求，即“碎度”—土壤旋耕后细碎度需符合种植蔬菜要求；“平整度”—机械起垄后的垄面需要平整，有利于机械化播种时种子播种深度一致；“坚实度”—垄面需达到一定的硬度且不能过硬，垄面坚实度过低，播种后垄面塌陷，垄面坚实度过高，不易播种或移栽作业；“深度”—播种或移栽栽种深度需符合播种菜品的要求，栽种深度过低，种子易被风吹走或移栽秧苗容易倒，栽种深度过深，种子不易发芽。结球类蔬菜生产过程中，机械化装备的结构、作业参数及种植农艺标准必须达到相应要求，这样才能保证生产作业装备最大限度的发挥其作业性能，提高生产效率，实现结球类蔬菜全程机械化作业。

1. 机械化耕整地技术

为了确保结球类蔬菜生产各环节装备技术参数配套、性能协调统一，需建立机械化整地及种植农艺标准。以结球类蔬菜—甘蓝为例，其机械化整地及种植农艺标准如图2-1所示。旋耕起垄机械化作业中，需达到以下要求：垄面宽70cm，垄底宽85cm，垄高10～15cm，沟宽20～30cm。起垄作业时，需保证起垄平直、垄距一致性，垄面土壤细碎度≥90%，垄面不平整度误差≤2cm；且在满足菜种出苗率的前提下，尽量保证垄面有较高的坚实度；起垄后应确保垄形完整，垄沟回土、浮土少，垄面上层土壤细碎紧实，垄沿无缺口，这样有利于控制播种深度和出苗长势一致，下层土壤粗大松散、透气性好。

对于土壤成分、含水率等不同的地块，通过调节旋耕机刀轴的转速，以达到相应碎土要求；作业过程中机具需保持匀速直线行驶作业，有明显沟坎的田地，可进行二次整地，尽可能降低耕深不稳定性，整地后田角余量少，田间无明显漏耕、少耕、壅土等现象。

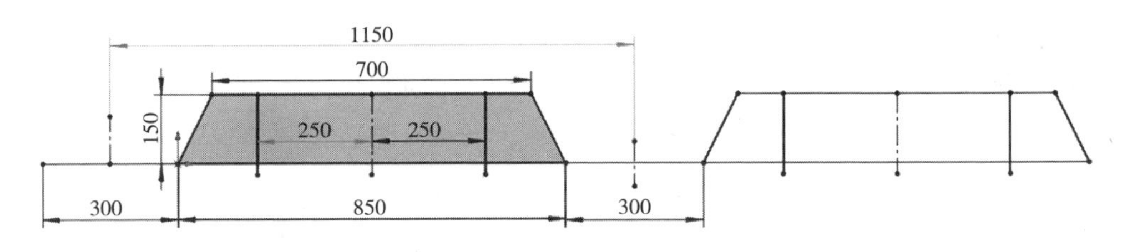

图2-1　甘蓝种植农艺标准

2. 机械化种植技术

根据前期耕整地环节及栽培需要选择适宜的机械化种植装备，在垄面宽为70cm的垄上进行直播或移栽，直播机或移栽机的种植行距、栽种深度、播量及均匀性等技术指标需满足生产要求。机械化种植装备可根据需要配置施肥、铺膜、铺管等装置，根据蔬菜生产作业环节进行相应的铺膜、铺管保墒作业，或进行深施肥、追肥等条施、撒施作业。目前，为了耕种环节装备能达到一致性，减少机具反复下地耕种的次数，通常将旋耕起垄机与播种/移栽、施肥、铺膜、铺管等集成到一台装备上，提高了机具的利用率，降低了生产成本和用工量，实现一机多用。

甘蓝旋耕起垄播种机（图2-2所示），该机集旋耕、开沟、起垄、播种、平整、镇压功能于一体，配套50kW的轮式拖拉机，设计模块化拆装播种装置，作业时可根据种植需要调节播种行数和行距，也可根据移栽种植需要快速拆除播种装置，仅进行机械化整地起垄作业，还可以集成铺管、铺膜、施肥机构。该机作业的垄面平整度和土壤细碎度好，播种深度一致，垄面坚实度满足机械化收获要求。能一次作业起双垄，

图2-2　甘蓝旋耕起垄播种机

起垄宽度70cm，起垄高度15cm，播种行距40cm，每垄播种行数2行，播种深度3～5mm，采用拖拉机主传动轴传输动力。

3. 机械化田间管理技术

灌溉、除草、追肥以及杀虫等作业均属于田间管理环节，在生产过程中，田间管理是提高产品质量最重要的环节。目前我国甘蓝生产田间管理环节的现有技术不成熟，存在工作效率低、作业机械单一、自动化程度低等问题。在甘蓝生产的灌溉环节，一般小型农户均使用喷灌形式，只有一些大型蔬菜生产合作社才会采用铺设滴管的方式；在田间喷药环节，一般以手动背负式喷雾器、担架式机动喷雾机、拖拉机悬挂或牵引的喷杆喷药方式、无人机喷药方式为主，我国个体甘蓝种植农户在施药方面主要是以手动背负式喷雾器喷施药剂为主，只有少数的农业合作社或大型甘蓝种植基地才会使用拖拉机悬挂或牵引的喷杆喷药方式[10]。

4. 机械化收获技术

在甘蓝生产过程中，收获的用工量占到了甘蓝生产投入总用工量的40%左右，研究表明甘蓝实现机械化收获可提升甘蓝生产效率2.5～2.8倍以上。甘蓝机械化收获技术，根据全程机械化配套作业设计要求，甘蓝收获机需一次性下地收获2行甘蓝，保证较高的收获效率，实现作业速度快、收获质量高、破损率小、切根质量高的目标要求。甘蓝机械化收获主要过程是拔取—夹持—切根—输送—剥叶—装箱。

甘蓝收获机（图2-3），该机采用全液压驱动，各功能部件作业速度连续可调，适应性强，采用先切根后输送的收获方式，利用仿生输送带夹持、双圆盘割刀旋转切根协同收获技术，实现结球甘蓝的机械化收获。该机一次作业可以收获单垄双行种植的甘蓝，效率高，适用收获甘蓝球径18～20cm。

图2-3　甘蓝收获机

四、结球类蔬菜生产机械化应用中存在的问题

从国内外甘蓝机械化生产的研究现状来看，目前国外对甘蓝机械化生产的研究起步早，装备技术成熟，而国内的甘蓝生产机械较单一，各环节机具配套性差，且收获装备几近空白，目前仍以人工作业为主，直接导致生产质量降低，生产成本增加，具体存在以下几方面的问题：

（一）农机与农艺不匹配的问题

全国种植甘蓝的区域很广，种植甘蓝的品种也不尽相同，而不同品种的甘蓝栽培模式也不同，种植标准也有很大差异。南方因为雨水充足，种植甘蓝主要以起垄种植方式为主，北方相对干旱，种植甘蓝主要以平作为主。不同地区的甘蓝也有着不同的特征性质，目前甘蓝种植农艺较为复杂、粗放，没有形成标准化的生产模式，极大地限制了甘蓝生产全程机械化，同时在设计研发的过程中，农机农艺不完全配套，也很难统一标准研制出适合不同农艺生产的机械，增大了科研难度。

（二）结球类蔬菜全程机械化技术不成熟的问题

我国结球类蔬菜典型代表作物甘蓝，由于大部分甘蓝种植以散户种植为主，国内对甘蓝全程机械化的研发尚处于起步的阶段，虽然我国甘蓝的耕整地、播种等生产环节已有部分地区达到机械化作业，但大多仍以通用设备进行作业，没有专用的农业机械装备进行生产作业，极大地影响了甘蓝全程机械化作业的发展。

（三）机械化装备可靠性差、智能化程度低的问题

目前研发出的较为成功的几类甘蓝收获机械，结构形式较为单一，多采用机械传动方式，不仅增加了机具的复杂程度，也容易造成损坏现象，降低了机具的可靠性，不利于机具的日常维修和保养。目前甘蓝生产过程中的农业装备机械化程度不高，在工作过程中还需要人工参与，智能化程度低，导致工作效率降低，工作成本增加。

（四）经济效益的问题

在欧美国家，农业生产模式一般为家庭农场模式，种植标准化程度高，土地规模化、平整化程度高。相应农机装备多为大型机械，制造成本高，价格昂贵，且不适合我国生产农艺标准。而我国农业生产的主体仍是以个体散户为主，对菜

农来说，购买设备的投资回收期较长，菜农又不把自身劳动力算入成本当中，再加上目前研发的生产作业机械的作业质量和可靠性还难以达到人工作业的质量标准，因此菜农难以接受机械化作业的机具。

五、发展对策与建议

（一）加强农机与农艺相结合的研究力度

农业机械化的实现要求工程技术与种植技术相结合，二者相辅相成，共同实现农业产品的高效与高产。因此，在未来的研究过程中，农机科研人员应从农艺的角度设计研发甘蓝生产的作业机械；同样，种植差异给设计作业机械带来了很大困难，农艺科研人员应该在生产过程中统一种植标准，以便更好实现全程机械化，例如统一行距与株距、统一栽培模式等。

（二）优化作业机械结构，降低制造成本

目前国内种植主体仍是个体散户的小规模种植，考虑到农民的经济承受能力，在满足性能的前提下，应当尽量优化机械结构，降低制造成本，这也是未来设计开发甘蓝生产机械需要着重考虑的问题。

（三）作业机械应致力于提升智能化程度

目前国内研发的甘蓝作业机械大多结构形式单一，机具的智能化程度较低，对使用者的操作水平要求较高。随着智能机器人技术的兴起，智能控制技术、机器视觉技术、传感器技术、导航定位技术等都得到了快速发展，将智能控制与导航定位技术运用到甘蓝作业过程中，不仅可降低对使用者的技术要求，同时也能提高作业质量。

（四）机械化收获的加强

生产环节最为重要也最为稀缺的就是收获机械，收获机械的出现能够大大地提高生产质量和减少生产成本。因此，各科研单位和企业应该加大力度研发相应的收获机械，借鉴国外收获机经验，结合本国结球类作物生产现状，设计出适合我国生产作业的收获机。

第三节　豆荚类蔬菜机械化作业模式与配套机具

一、豆荚类蔬菜生产现状

我国豆荚类蔬菜机械化的发展较日本晚，20世纪80年代才开始重视豆荚类蔬菜生产机械化的研究[11]。日本是世界上最大的豆荚类蔬菜进口国，日本豆荚类蔬菜的年消费量约14万t，而年产量只有7.8万t左右，速冻毛豆依赖进口，2000年的进口量约7.5万t，占世界速冻毛豆贸易量的87.7%，主要来自中国、泰国等。20世纪90年代后期，随着健康食品热的兴起和对大豆保健功能的不断认识，美国人逐渐重视食用大豆制品，国际市场对豆荚类蔬菜的需求量日益增加。同时，由于日本劳动力价格的上涨，豆荚类蔬菜的生产效益下降，许多日商逐步把豆荚类蔬菜生产、加工基地转向福建、浙江等我国沿海地区，中国对豆荚类蔬菜的研究才得以逐步发展，种植面积也逐年扩大。20世纪80年代以来，随着农业种植业结构的优化调整，豆荚类蔬菜已成为东南沿海一带的重要出口产品，中国也逐渐成为豆荚类蔬菜最大的生产国和出口国。

目前，我国豆荚类蔬菜收割后的脱荚机械化水平还相当落后，虽然市场上已经有一些专门的毛豆剥壳设备，但功能还不够完善，技术不是很成熟，缺乏成型的毛豆脱壳机具。这种现状，远远不能适应当前豆荚类蔬菜生产发展的速度和规模，不利于农产品的专业化、标准化生产。近年来，随着农村劳动力结构性短缺矛盾的日趋突出和国家不断加大对农机化发展扶持力度，经济作物的生产机械化问题才逐渐被引起关注和重视。

总之，随着农业机械化水平的发展和种植业生产结构的调整，豆荚类蔬菜的社会需求逐年增加，种植面积也逐年上升。所以，了解我国豆荚类蔬菜的发展现状、豆荚类蔬菜机械化水平，对发展我国高效农业、增加农民收入的意义十分巨大。

二、豆荚类蔬菜机械化生产相关配套机具

（一）菜用大豆机械化脱荚技术

菜用大豆生产季节性较强，在菜用大豆大量上市时货源充足导致价格很低，而在淡季时市场供应又严重不足甚至脱销，导致菜用大豆价格大幅提高。采用机械化生产技术可以加快菜用大豆的上市时间来提高价格，获得成倍增长的经济效

益。青大豆脱荚机是一种将果实和茎秆脱离的机械，我国关于菜用大豆脱荚机的研究较少，农业农村部南京农业机械化研究所研制了5TD60型青大豆脱荚机（如图2-4所示），该机脱荚率可达500～1 000kg/h，脱净率达98%，并使豆叶、豆枝和豆荚的分离率达96%以上[12]。

图2-4　5TD60型青大豆脱荚机

青大豆脱荚机主要包括机架、机架上部的输送链、下部的清选风机，输送链中部的旋转脱荚装置，输送链之上的夹持压板。青大豆脱荚机的脱荚装置由至少一对位于夹持输送机构内侧的上、下脱荚辊构成，脱荚辊的辊轴上具有间隔分布且径向延伸的柔性脱荚齿。工作时使未脱荚的豆秆随输送链的运动进入上、下两脱荚辊之间，在交错的柔性脱荚齿由根至梢的击打作用下，豆荚纷纷从豆秆上脱落。在掉落过程中，清选风机将掉落的豆叶吹离机架，落到振动清选筛上的豆荚在振动中筛除瘪荚，从而完成青大豆脱荚的机械化作业，图2-5为青大豆脱荚机脱荚后效果。

图2-5　脱荚机作业后的豆荚

（二）菜用大豆机械化剥壳技术

菜用大豆深加工过程中最复杂和费时的工序就是剥壳，手工剥壳方式存在费时费力、效率低、不卫生以及品质不一等缺点，给生产者带来了种种不便。目前，我国对于菜用大豆豆荚的剥壳还是以手工剥壳为主，机械化、半机械化为辅的生产方式。

我国现有的菜用大豆剥壳机采用挤压式剥壳技术，何春薇等人研制的全自动青毛豆剥壳机主要由振动料斗、机体、输送机构、导料板、轧辊和豆壳分离引导板组成。其工作原理是借助于轧辊对豆粒挤压，使豆粒从豆壳中脱出，当长条状毛豆荚经送料装置纵向输送到双轧辊时，豆荚扁平的一端首先被反向转动的轧辊夹持，轧辊转动，豆荚通过轧辊向前移动。由于两轧辊间隙较小（在1.7～2mm），豆荚中间厚鼓部分难以通过，荚中籽粒受到轧辊的挤压，与荚壳产生相对运动，向后移动的籽粒将荚壳撑开，脱离豆壳，实现剥壳脱粒。此时，豆壳在双轧辊的前侧，籽粒在后侧，达到了粒壳分离和分置。陈新华等人研制的青毛豆剥壳机，主要由双轴辊剥壳机构、电机、传动系统、物料输送机构、轴辊清洗机构、机架等组成。其中挤压剥壳技术是借助于表面摩擦力碾搓作用进行剥壳，整机工作原理与全自动青毛豆剥壳机一样，也是借助于轧辊对豆粒挤压，使豆粒从豆壳中脱出。

第三章　蔬菜耕整地装备技术研究

机械化耕整地作业是农业生产的基础性工作之一，是农业种植的前提，现阶段我国大部分地区实现了耕整地作业的机械化实施，耕整地机械在农业生产中以多选择性、高效率、土壤破坏性低等优点，受到了广大农民的认可。但同时我国的耕整地机械在技术和结构上还有很大的优化空间，耕整地机械在使用与推广方面也存在着一定程度的不规范。因此，需要研究耕整地机械的种类特点及发展趋势，以促进农业耕整地作业生产效率的提升。

一、总体设计要求与工作原理

（一）设计要求

以研究旋耕、做畦、压实、覆膜、穴播、盖沙多工序集成技术为对象，设计西芹种植一体机，具体参数要求：①旋耕、做平畦，畦高10cm，畦面宽120cm，畦底宽150cm；②覆地膜，覆盖带孔的地膜，幅宽160cm，畦面膜幅宽120cm，每幅膜播种8行，行距15cm，株距15cm；③穴播，穴孔径小于40mm，不作具体要求，孔径大增加盖沙量，故孔径应尽量小，每穴播种25粒，播深≤8mm；④盖沙，覆水洗沙盖种，厚度1～1.5cm。

（二）机具的总体结构与工作原理

1. 总体结构

挂接式多功能西芹种植一体机与33.1kW拖拉机配套，悬挂于后侧，该机由旋耕做畦总成、标定地轮（压实轮）、覆膜装置、压膜打孔总成、排种与播种装置、动力传递系统、培土装置和盖沙装置（图3−1）。其中，旋耕做畦装置采用常用旋耕刀具，但是因西芹种植需求，需要畦上土壤板结即可，因此旋耕不宜过深，本研究将中间刀具去掉，两边旋耕，挤压碎土至中间，再通过后层刮板刮平；而标定地轮作用为畦面压实和辅助排种器排种以及播种间隙标定参考；覆膜装置为悬吊单轴，覆膜与培土协同；另外，压膜打孔总成由驱动装置、链轮传动装置、圆柱空心刀、挡土杆、压膜板以及海绵组成，动力通过柔性变角度传动器将动力输入至驱动变速箱，输出动力至链轮传动组，驱动8组链轮转动，而圆柱空心刀随链轮转动，海绵和压板作用为固定地膜，防止因地膜松动造成打孔撕裂地膜的问题；排种器周向排种，本文根据标定地轮旋转1/4周，排种次，地轮周长60cm，播种间隙15cm，通过排种器排种以及限位开关协同气缸驱动8组旋转打膜孔刀组向下压膜，与此同时，特别设计了限位开关滞后控制器，伴随压板接触地膜时，控制电磁阀开合，高压气体进入弯曲管道，将弯管中西芹种子吹入之前圆切的孔内，该限位开关还可以控制后一级排沙孔开合，使得沙堆入后两级播完种的孔中。

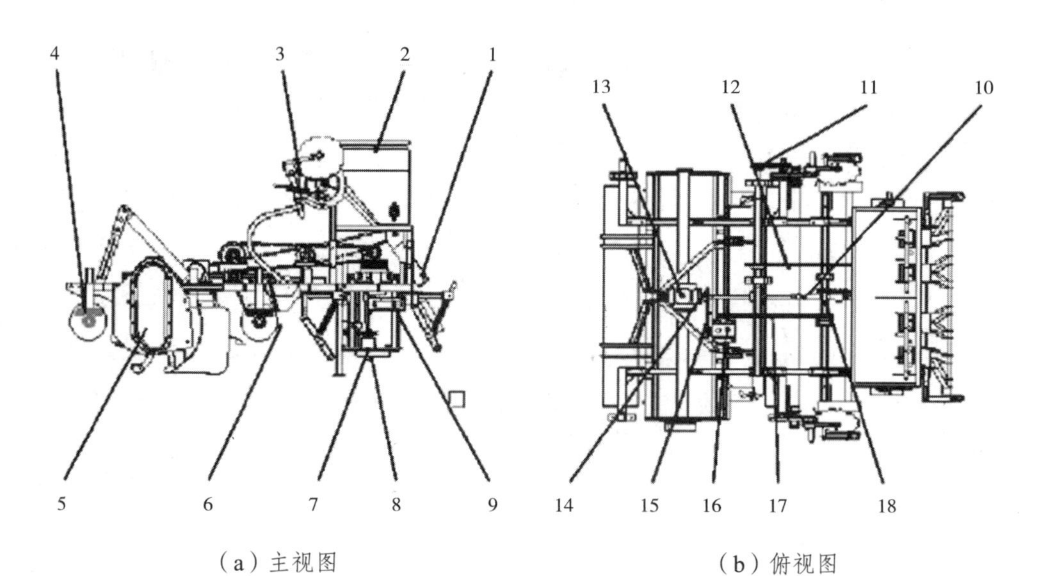

（a）主视图　　（b）俯视图

1. 导沙通道；2. 沙箱；3. 压膜培土装置；4. 压实轮；5. 旋耕起垄总成；6. 标定地轮；7. 压膜打孔关键部件；8. 圆柱空心刀头；9. 排种器总成；10. 万向节传动轴；11. 传动轴Ⅳ；12. 减速链轮传动总成；13. 变速箱Ⅰ；14. 输出轴Ⅱ；15. 链轮传动；16. 变速箱Ⅲ；17. 链轮传动；18. 传动轴Ⅲ

图3–1　多工序西芹种植一体机结构示意图

2. 工作原理

工作原理：大功率拖拉机后置万向节动力输出，键套与键轴连接，将动力输入一级变速箱，箱内三个锥齿相互啮合，设计了两个动力输出，垂直于前进方向锥形齿轮轴输出动力至旋耕轴上侧端部链轮，自上而下旋耕轴端链轮通过链条衔接，驱动旋耕刀具旋耕做畦；一级变速箱的输入轴相对的输出轴为打膜孔和排沙提供动力，一方面与万向轴套连接，轴传动方式，为打膜孔刀具提供动力；另一方面通过链轮传动组和变速箱组合，完成沙箱驱动绞龙排沙的动力输入。与此同时，旋耕做畦总成后侧的压实轮自转，压实的同时，通过链轮传动组，实现排种器排种，排种时触动限位开关，转换为电磁阀开关信号，通过气缸控制打膜孔刀具自上而下往复运动。本文要求株距15cm，同时保持打孔、播种、盖沙一致性，将打膜孔刀具、播种头和排沙口间距调整为15cm，以期保证播种、盖沙对膜孔。需要说明的是介于压实和打膜孔之间还配置了畦面覆膜和两侧培土动作，至此完成所有工序。

该机技术特征如下：

（1）介于压膜板和薄膜间的海绵垫避免板与膜的硬接触，显著减少了薄膜的挤压变形，并将地表上的薄膜完全固定，由于圆管打孔刀具在被压持的薄膜上边旋边降，因此可以在薄膜上切出规则的圆孔，完全避免薄膜变形，并且圆管打孔刀具伸出压膜板的长度预定，因此进入土壤的钻孔深度完全一致。

（2）圆管打孔刀具装有上端固定于挂接架上的顶土杆，顶土杆的下端固定顶土板。因此，当圆管打孔刀具划孔后上升回位时，可以阻挡管内带起土壤，进一步保证后续的播种质量。具体而言，当土壤湿度大而打孔深度较深，顶土杆可以避免圆管打孔刀具堵塞，并且圆管打孔刀具提升时，其内孔粘附的土壤可以在顶土杆的相对旋转作用下被打碎覆盖于圆孔。

（3）旋转划孔动力传递由设计的可伸缩万向节传动机构实现，使得打孔机组随气动控制升降驱动装置运动而持续为圆管打孔刀具提供动力。

二、关键部件设计

本设计只针对做畦的畦面平整压实需求和膜上开孔，并且保证开孔质量和不大于5mm的浅孔深度的高标准要求，尤其是通过气动控制的往复驱动打孔装置上下运动功能和通过伸缩万向动力传动轴为打孔部件提供动力的功能需求展开关键部件设计，其他辅助部件不作赘述，具体如下。

（一）旋耕做畦关键部件设计

由图3-2可知，使用该机之前，田间需浅旋耕一遍，该旋耕机具与传统旋耕机具区别在于中间刀库未安装刀具，由左右两侧旋耕刀具将碎土往中间挤压，碎土浅覆盖于畦面；两侧做畦开沟槽，畦侧边压型，畦面用刮板刮土，为后续工序集成作业打下基础。

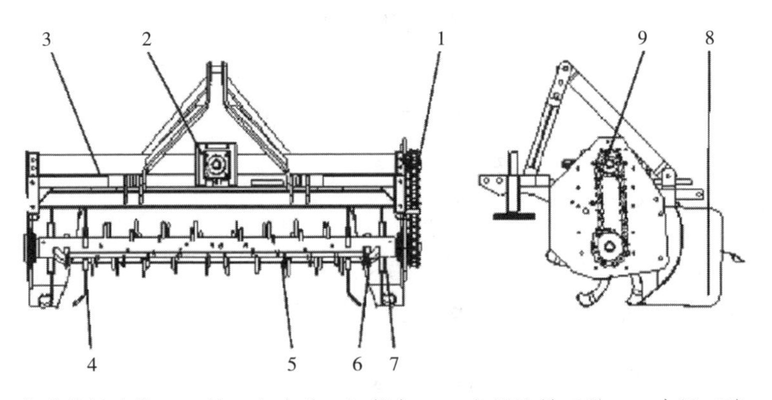

1. 变速箱输出轴；2. 输入变速箱；3. 机架；4. 左侧旋耕刀具；5. 中间刀库；6. 右侧旋耕刀具；7. 旋耕轴；8. 筑畦总成；9. 侧边链式传动组

图3–2　西芹旋耕筑畦结构图

（二）伸缩换向动力传动关键部件设计

由图3-3可知，该伸缩换向动力轴主要为压膜打孔刀具提供动力，并且由于压膜打孔刀组上下往复随气缸运动，行程为10cm，据此设计该传动关键部件，上图花键轴套配套，根据运动需要而伸缩，两组圆球套组配合，可随着压膜刀组上下运动，变换球头相对球套角度。

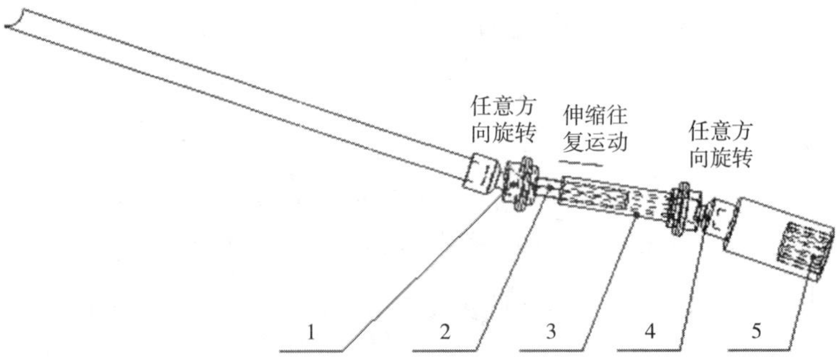

1. 圆球套组Ⅰ；2. 花键轴Ⅰ；3. 花键轴套Ⅰ；4. 圆球套组Ⅱ；5. 花键轴套Ⅱ

图3–3　伸缩换向动力传动关键部件结构图

（三）压膜打孔关键部件设计

由图3-4可知，压膜打孔关键部件主要反映两个功能，其一为从变速箱传动轴输出动力与8组旋转圆柱刀具输入的链式传动组合设计，即通过机械传动驱动8组圆柱自转切孔功能；其二为采用气缸驱动压膜打孔刀组总成上下运动，即通过限位开关控制气缸往复运动，从而驱动8组圆柱刀具上下往复运动。除此之外，压板设计较为实用，压板上侧为木板，下侧为海绵，刀具相对压板下侧伸出20mm，中间海绵厚度为30mm，作业时，海绵挤压后厚度为12mm，则理论旋转切深为8mm，满足设计要求。海绵挤压地膜，防止地膜被压坏，同时因挤压力，防止圆柱刀具旋切时因地膜较松而扯坏，圆柱刀头和压板布局见图3-4。

由图3-5可知，该截面不仅反映上述刀具、海绵、压板位置布局，还设计了顶土杆，该机构主要作用为防止圆柱刀头堵塞，当压膜打孔部件上升时，圆柱刀具因空心负压作用将土壤带出，此时通过限位顶土杆将土块顶回穴中。

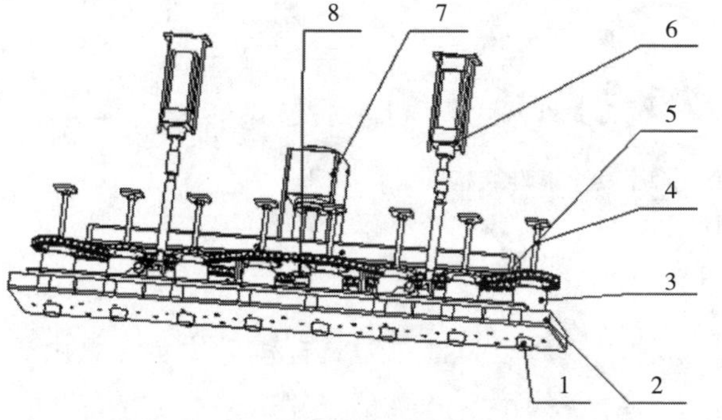

1. 打膜孔圆柱刀；2. 压板；3. 套筒；4. 顶杆；5. 链轮传动组；6. 气缸总成；7. 变速箱；8. 链轮组动力输入总成

图3-4　压膜打孔关键部件结构图

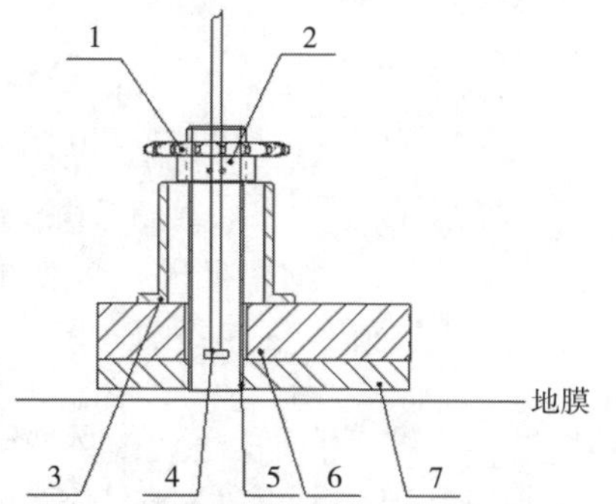

1. 轴承；2. 链轮；3. 套筒；4. 顶土杆；5. 圆柱空心打孔刀具；6. 压膜板；7. 海绵

图3-5　压膜打孔截面图

三、样机田间试验

2016年3月30日，于宁夏固原市西吉县西芹种植基地开展样机试验，通过现场试验，该机已达到规定的西芹生产农艺指标，符合西芹种子的播种要求，首次实现了西芹旋耕、覆膜、打孔、播种、盖沙同步作业，突破了西芹膜上种植难题。图3-6显示沙箱置于旋耕工序上侧，主要考虑节约动力损耗，采用侧边和尾部螺旋推送排沙组合，实现盖沙。具体试验内容如下。

图3-6　样机田间试验

（一）做畦外形测量

畦面宽120cm，畦底宽150cm，畦高10cm，而实际畦面形状为梯形，因做畦机具相对位置角度一致，畦截面图为一等腰梯形，针对等腰梯形顶边、底边和高度三参数，测量10组数据见表3-1。该机做畦，顶宽和底宽均小于理论设计值，但是误差均控制在3%以内，而做畦高度显著高于设计高度；而在西芹种植过程，主要参考参数为畦面宽度，即顶高能满足种植8行西芹，行距为15cm，检测数据完全满足该要求，因此该机做畦效果较好。

表3-1　样机做畦参数测量

	1	2	3	4	5	6	7	8	9	10	均值	误差（%）
畦面宽（cm）	118	117	118	119	119	117	120	118	119	118	118.3	−1.4
畦宽（cm）	145	145	148	143	144	143	153	150	148	147	146.6	−2.3
高度（cm）	11	12	13	10	11	12	12	12	13	11	11.7	17

（二）打膜孔行距和株距测量与理论设计对比

西芹种植行距和株距要求设计值为畦面膜幅宽120cm，每幅膜播种8行，行距为15cm，株距为15cm，实际测量见图3-7，检测10组数据见表3-2。

（a）行距

（b）株距

图3-7　样机打孔行距与株距形状图

表3-2　打膜孔行距与株距测量结果

	1	2	3	4	5	6	7	8	9	10	均值	误差
行距（cm）	15.4	15.3	15.3	15.1	15.2	15	15	15.2	15.2	15.1	15.18	1.2%
株距（cm）	16.7	16.3	16.4	16.2	16.3	16.2	16.3	16.3	16.3	16	16.27	8.5%

由表3-2可知，行距均值为15.18cm，误差较小，该误差只受安装误差影响；株距误差为8.5%，误差相对行距较大，但是该结果符合实际，因打孔机具提升需要反映时间以及标定地轮存在打滑的可能，两者造成株距比实际要延长1.27cm，该结果不影响西芹种植。除此之外，根据株距16.27cm，打膜孔刀具与气动排种喷嘴和排沙口相互间距设定为16.27cm，为播种和盖沙精准定位提供依据。

（三）打孔滞后孔形测量与理论设计对比

西芹打孔穴孔径小于40mm，不作具体要求，孔径大增加盖沙量，故孔径应尽量小，本样机采用直径为30mm圆柱空心刀具，理论穴径为30mm。取样10组，分别测量长径和短径。检测见图3-8，检测数据具体见表3-3。

图3-8　开孔情况检测

表3-3　开孔长径与短径测量

	1	2	3	4	5	6	7	8	9	10	均值	误差（%）
长径（mm）	47	46	48	44	45	42	41	47	45	44	44.9	49.7
短径（mm）	31	30	32	33	32	31	32	30	31	32	31.4	4.7

短径误差较小，符合孔径要求，圆柱刀具外径为30mm左右，而长径伴随提升滞后因素，造成孔径拉长，但是由于膜弹性作用，实际膜孔会恢复至35～38mm长径尺寸。因此，就膜孔尺寸满足小于40mm的设计要求。

（四）打孔深度测量

西芹打孔深度为小于8mm，通过对8行深度检测，取样5组，数据见表3-4。

表3-4　打膜孔深度检测

	行1	行2	行3	行4	行5	行6	行7	行8	均值
样本1（mm）	3	5	6	3	7	8	10	4	5.75
样本2（mm）	4	6	7	6	5	9	10	4	6.375
样本3（mm）	6	7	7	6	9	10	6	5	7
样本4（mm）	5	7	9	9	11	9	7	5	7.75
样本5（mm）	6	7	8	8	8	9	7	7	7.5

由表3-4可知，打孔深度均小于8mm，满足西芹播种深度要求。经过后期西芹出芽情况显示，因膜孔为平整形状，经过盖沙后，芽头仍然可以顶沙而出。个别大于10mm的西芹种子仍然可以出芽，因此该样机打膜孔深度完全能保证西芹种植成活率。

四、结论

以拖拉机为动力机，集成挂接式做畦、压实、覆膜、打孔、播种、盖沙作业工序，研究了气压打孔+旋转划孔复合打孔技术、气压排种技术辅助前期播种盒自动排种技术、主动排沙与限位盖沙同步技术等关键技术，研制西芹复式种植一体机。经过试验表明，该机做畦宽度为118.3cm，满足西芹膜上8行种植需求；相较于行株距均为15cm设计，实际行距均值为15.18cm，误差较小，株距为16.27cm，误差为8.5%，误差相对行距较大，但是该结果符合实际，因打孔机具提升需要反映时间以及标定地轮存在打滑的可能，两者造成株距比实际要延长1.27cm，该结果不影响西芹种植；相较于打膜孔小于40mm设计要求，实际检测土槽短径为31.4mm，长径为44.9mm，长径因刀具提升滞后造成误差较大，而膜孔最大直径仍在38mm以内；相较于打膜孔深度小于8mm设计要求，设计检测深度为5.75 ~ 7.75mm，以上实际检测参数均满足西芹种植需求。

第四章　茎叶类蔬菜收获装备技术研究

第一节　概　述

一、背景

中国有着几千年悠久农业发展史，蔬菜一直是人们饮食当中不可或缺的食材，蔬菜产业是我国农业农村经济的重要支柱产业，关乎农民“钱袋子”和城镇居民“菜篮子”。但我国蔬菜收获的机械化水平极低，目前依然沿袭传统的手工采收，严重制约了蔬菜产业的发展。近年来，随着设施蔬菜栽培技术，蔬菜移栽、灌溉和植保技术的逐渐成熟和广泛应用，蔬菜种植面积和产量逐年增加，2016年全国蔬菜种植面积2 232.83万hm^2，总产量79 779.7万t，比狭义的粮食产量（指禾本科作物，主要包括稻、麦、糜等）还多[13]。目前，我国茎叶类蔬菜生产机械化综合水平仅20%左右，相对于粮食的机械化水平严重滞后[14]。在茎叶类蔬菜生产过程中，收获作业约占整个作业量的40%，劳动强度大、耗时多、成本高，极大地制约了茎叶类蔬菜产业的发展。因此，人们对茎叶类蔬菜收获机械化装备技术的需求愈加迫切。

二、茎叶类蔬菜收获装备技术的国内外研究现状

国外对茎叶类蔬菜机械化收获的研究起步较早、发展快，技术也较为成熟，但与稻、麦等收获机械化水平相比，茎叶类蔬菜收获的机械化水平仍然相对偏低。据统计，美国用于加工的蔬菜约60%采用机械化收获，而鲜食蔬菜的机械化收获只占一小部分。目前，国外的科研机构正在加快茎叶类蔬菜机械化收获方面的研究开发。

目前，茎叶类蔬菜收获机大多由分禾装置、切割装置、输送装置等组成，其中分禾装置扶持茎秆，切割器进行切割，输送装置将切下的茎叶菜送往收集箱。

茎叶类蔬菜根据收获方式不同，分为一次收获、选择性收获、多次收获；根据机械切割方式不同，分为带根收获和不带根收获；根据收集蔬菜的堆放方式不同，分为有序收获和无序收获，其中有序收获后的蔬菜商品性好，并且能节省对收获后的蔬菜进行二次整理所需劳动力，相较于无序收获更具有研发和应用价值。本文按收集方式不同，对茎叶类蔬菜收获装备技术的国内外研究现状进行介绍。

（一）茎叶类蔬菜无序收获装备技术的国外现状

1. Slide FW型叶菜收获机

国外对于茎叶类蔬菜机械化无序收获的研究居多，意大利Hortech公司[15]的Slide FW型叶菜收获机（图4-1），采用环状锯齿带刀、自定心技术和割台高度自动调节技术，收获过程中靠前方蔬菜的推挤作用将后方被割茎叶菜推至输送带上，经由输送带运输至后方收集箱中。该机对种植菜的畦面平整度和土壤细碎度要求很高，适宜收获鸡毛菜、金花菜等茎叶类蔬菜。

图4-1　Slide FW型叶菜收获机

2. MT-200型叶菜收获机

韩国公司研制的MT-200型叶菜收获机（图4-2），采用上下两组割刀往复式相对运动完成切割过程，割后的蔬菜在旋转拨禾轮的作用下被推送至后方输送带，并随输送带运送收集入箱，完成收获全过程。整机采用电机驱动，小巧轻便，与人工收获相比，收获效率大幅提高[16]。

图4-2　MT-200型叶菜收获机

3. 风送型叶菜收获机

日本川崎公司研制的风送型叶菜收获机（图4-3），高速往复式双动刀切割茎叶类蔬菜，并利用高压气流将被割的茎叶类蔬菜吹送到收集袋中，这种输送方式适用于小叶类蔬菜，如三叶菜、菊花脑等。

美国十方公司研制的叶菜收获机，采用输送带上的柔性钉齿将切割后的蔬菜拣拾到输送带上，适用于茎杆类蔬菜，如茼蒿、苋菜，但由于钉齿输送带制造复杂、成本高，收获过程中泥土也会拣拾到输送带上，因此未见广泛应用。

图4-3　日本风送型叶菜收获机

此外，在茎叶类蔬菜带根收获方面，Hortech公司[17]的Slide Valeriana型叶菜收获机基于带锯切割、振动输送的原理，通过割台前端的合金条交替运动产生振动，快速、高效的清洁掉叶菜上的沙和土（图4-4），用于需低留茬和需带根收获的茎叶类蔬菜（如菠菜等），切割装置对土质要求极高，适用于砂壤土质栽培下的茎叶类蔬菜收获。

图4-4　Slide Valeriana型叶菜收获机

（二）茎叶类蔬菜无序收获装备技术的国内现状

1. 手扶式拣拾型叶菜收获机

农业农村部南京农业机械化研究所秦广明等人研制的手扶式拣拾型叶菜收获机（图4-5），采用往复式双动割刀切割叶菜，利用被割叶菜间的推挤作用推送叶菜至上下交替振动的两根振动杆上，既可以去土清洁叶菜，又能保证叶菜被有序输送；通过更换切割部件，可实现菠菜、韭菜等叶菜的带根收获和不带根收获。针对切割叶菜的方式，在研制的手扶式拣拾型叶菜收获机基础上，设计了一种喂入切割装置（图4-6），采用旋转拨菜滚筒和回环带锯，保证被割叶菜的可靠推送，无需更换切割部件，有效避免了往复式割刀在土下运动容易被砂土卡滞等问题。

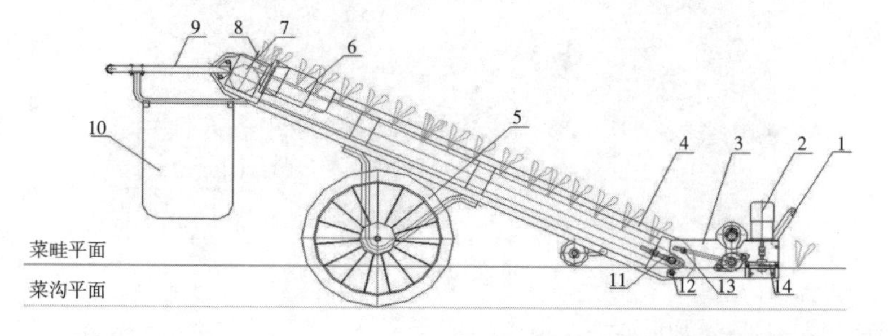

1. 安全杆；2. 切刀电机；3. 右切刀支架；4. 右输送支架；5. 行走轮；6. 输送电机；7. 变速箱；8. 可拆卸集菜挡板；9. 扶手；10. 收集袋；11. 皮带张紧机构；12. 下螺栓；13. 上螺栓；14. 偏心轮箱

图4-5　手扶式拣拾型叶菜收获机示意图

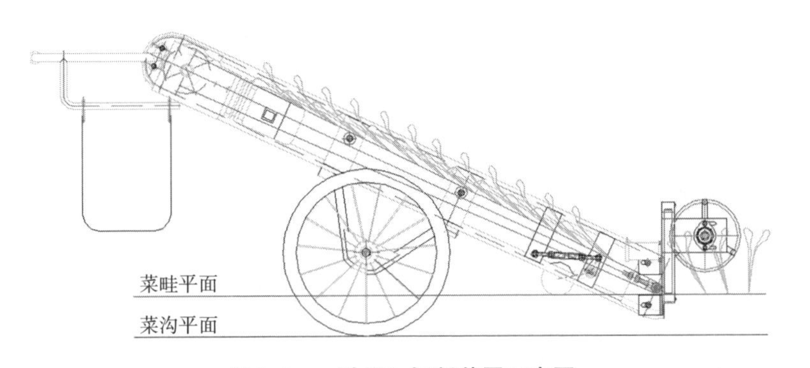

图4-6　一种喂入切割装置示意图

2. 手扶式三叶菜收获机

江苏省农业装备工程技术创新中心的丁馨明等人研制的小型手扶式叶菜收割机（图4-7），采用直流电机传动，消除柴油机排放的废气对大棚蔬菜造成的污染；采用双刀双动往复式切割器和带式输送装置，实现对叶菜的无序收获，该机适用于收获三叶菜（俗称秧草）、豆苗、小菜秧等蔬菜[18]。

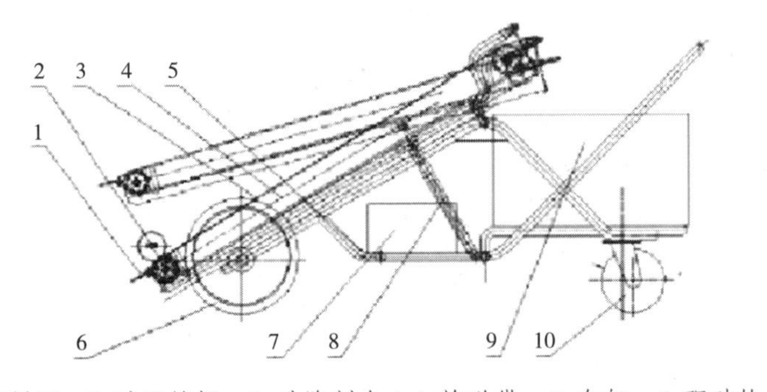

1. 切割器；2. 助运拨板；3. 升降割台；4. 输送带；5. 车架；6. 驱动轮；7. 动力；8. 电动推杆；9. 收集箱；10. 后车轮

图4-7　小型手扶式叶菜收割机示意图

江苏大学和镇江市农业机械技术推广站的李继伟等人使用TA-XT2i新型质地物性测试仪对金花菜进行包括拉断力、拉应力、剪切力和剪应力在内的一系列力学特性进行试验研究，研制出了金花菜收获机（如图4-8），能够实现对金花菜的机械化收获过程[19]。该机具的作业过程为：机具行进过程中，往复式双动割刀完成对金花菜的切割，切割动力采用直流电源电机驱动，收割高度可调；考虑到金花菜体积小、单重较轻，因此采用风力输送来完成金花菜的收集过程，通过控制手柄对发动机转速和风机转速进行控制，将收集袋挂在机架上，收割后的金花菜被风力吹入收集袋中完成收割过程。通过样机试验，该机具能顺利实现金花菜的收获过程，生产率可达到960kg/h，收割后的畦面相比于人工收割更加平整，有利于后期的采收。该机具的缺点是对作业土地的适应性较差，风力收集无法实现金花菜的有序收获。

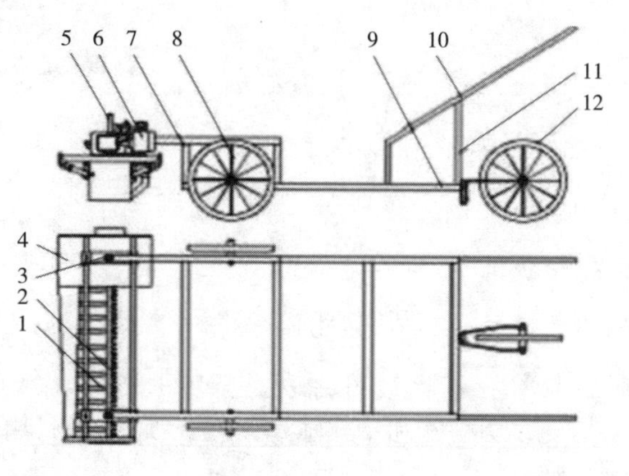

1. 支风管；2. 切割装置；3. 收割高度调节螺母；4. 主风管；5. 收割高度调节螺栓；6. 汽油机；7. 支撑杆；8. 前行走轮；9. 机架；10. 扶手；11. 支撑杆；12. 后行走轮

图4-8　金花菜收获机示意图

3. 风送型叶菜无序收获机

农业农村部南京农业机械化研究所[20]研发一种风送型叶菜无序收获机，该机主要由切割装置、吹风装置、轮式行走系统和菜叶收集装置等组成，采用袋式收集，收满后换袋方便，且高度调整方便，可适应不同高度蔬菜的切割要求，如图4-9所示。

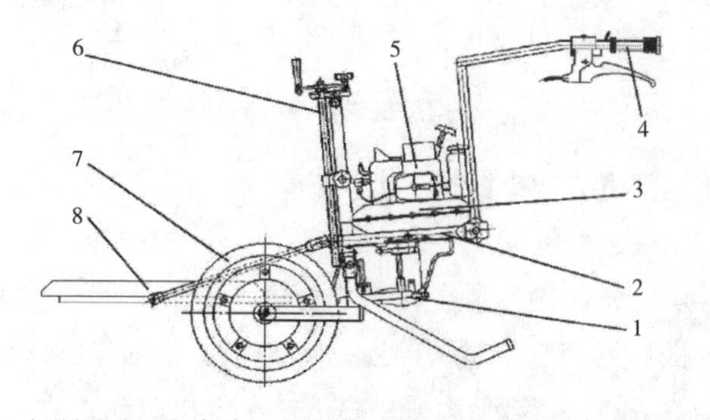

1. 切割总成；2. 机架；3. 风机；4. 操纵手柄；5. 发动机；6. 高度调节总成；7. 车轮；8. 叶菜收集板

图4-9　风送型叶菜无序收获机示意图

江苏大学研制一种三叶菜机械收获装置，采用往复式割刀切割三叶菜，并在风机风管的作用下将三叶菜直接吹送至后方收集箱中收集，该机作业时需人工推行，切割高度通过更换切割和行走装置间连接的轴套长度实现。此后，江苏大学开发一种秧草收获机（图4-10），采用风力吹送切割下来的秧草至输送带上，再由输送带将其输送至后方收集，该机通过电机驱动车轮实现自走，且切割高度可实现连续调节，较三叶菜收获装置有所改进[21]。

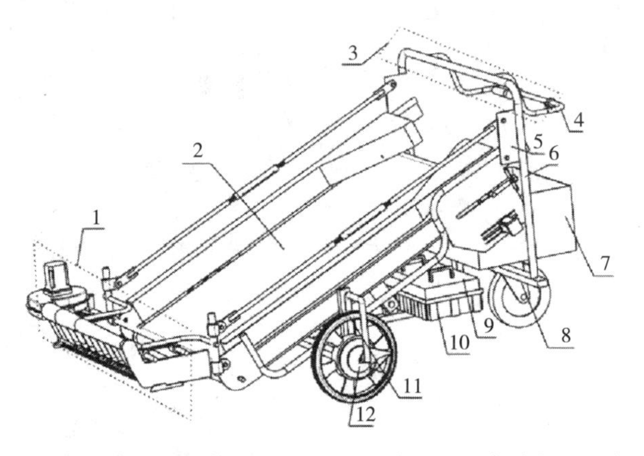

1. 切割装置；2. 倾斜输送装置；3. 扶手总成；4. 扶手；5. 固定连杆；6. 扶手立柱；7. 收集箱；8. 万向轮总成；9. 锂电池；10. 电池箱；11. 主动轮总成；12. 碟刹装置

图4-10　秧草收获机示意图

目前国内茎叶类蔬菜的无序收获装备技术较为成熟，除了前文介绍的几款无序收获机外，还有南通富来威农业装备有限公司研制的主要针对青菜、韭菜、菠菜等叶类蔬菜的一款通用标准化收获机，该机可实现多种茎叶类蔬菜的机械化无序收获；农业农村部南京农业机械化研究所研制的一款通用叶类蔬菜无序收获机，适用于青菜、菠菜、鸡毛菜等多种茎叶类蔬菜，采用电机驱动，往复型动刀完成切割过程，通过传送带完成输送过程，蔬菜输送至作业机具顶部落入收集框内，能高效率的实现茎叶类蔬菜的无序收获。

（三）茎叶类蔬菜有序收获装备技术的国外现状

1. Slide TW型叶菜收获机

意大利Hortech公司研制的Slide TW型叶菜收获机（图4-11），采用环状带锯的切割方式，作业过程中，分禾装置对密植的茎叶类蔬菜进行分行，并将作物扶起，同时环状带锯将作物割断，分禾装置将割断的作物拢入波纹状夹持带。波纹状夹持带由柔性材料构成，能保证茎叶菜始终以立姿向后有序输送，但输送末端需要由人工进行捆扎、装箱，严格意义上属于半自动化的有序收获装备。

图4-11　Slide TW型叶菜收获机

2. 4G-200型韭菜收割机

韩国公司生产4G-200型韭菜收割机，采用单行收获，收获时需人工先对行，由输送带夹持韭菜向后上方运送，同时圆盘割刀将韭菜根部切断，而后半交叉式输送带夹持着韭菜朝同一方向倒下、输送，实现韭菜的有序收集。该机适用于小田块和设施作业，收获的韭菜整齐不乱，但作业效率低、通用性差，且要求韭菜的种植行间距大、经济效益低。

（四）茎叶类蔬菜有序收获装备技术的国内现状

1. HAU-1型韭菜收割机

河北农业大学[22]在已有的KS-300-1型韭菜收割机基础上，优化割刀调整机构与行走轮，增加割幅调整机构，设计出新型的HAU-1型韭菜收割机，试验结果表明，改进后的机具割茬高度合格率提高了4.8%，菜叶损失率降低了2.7%，收割效率由0.34亩/h提高到0.72亩/h，如图4-12所示。

2. 芦蒿有序收获机

由农业农村部南京农业机械化研究所与盐城市盐海拖拉机制造有限公司合作研发的芦蒿有序收获机（图4-13），以手扶式拖拉机为动力平台，采用往复式切割器与立式滑动挡禾板共同作用，将收获的芦蒿有序地输送到机具后部以便收集，是一种有序立式收割机，实现了高效有序机械化的芦蒿收获。该机切割幅宽为1m，适用芦蒿高度在30～80cm范围内的收获作业，割茬齐整，与人工收获相比，效率提高了8～10倍。

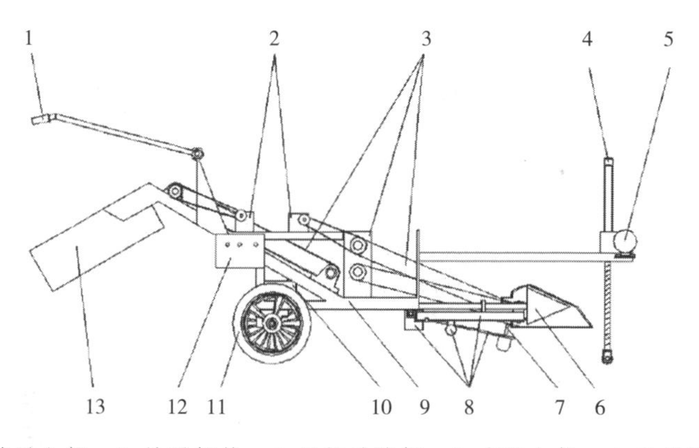

1. 扶手；2. 输送电机；3. 输送机构；4. 丝杆升降机；5. 直流电机；6. 分禾器；7. 割刀；8. 割幅调整机构；9. 机架；10. 蓄电池；11. 行走轮；12. 控制箱；13. 收集箱

图4-12　HAU-1型韭菜收割机

图4-13　芦蒿有序收获机

南京农业大学研发出一款叶类蔬菜有序收获机（图4-14），采用往复式割刀切割作物，立式输送带夹持叶菜整齐有序地向机器后方运送，在输送末端蔬菜与夹持机构脱离的瞬间，夹持作用力消失、蔬菜靠自身重力倒下并收集装箱，整机采用电机驱动，切割高度可调，该机在收集装箱过程中叶菜易散乱、有序效率较差[23]。

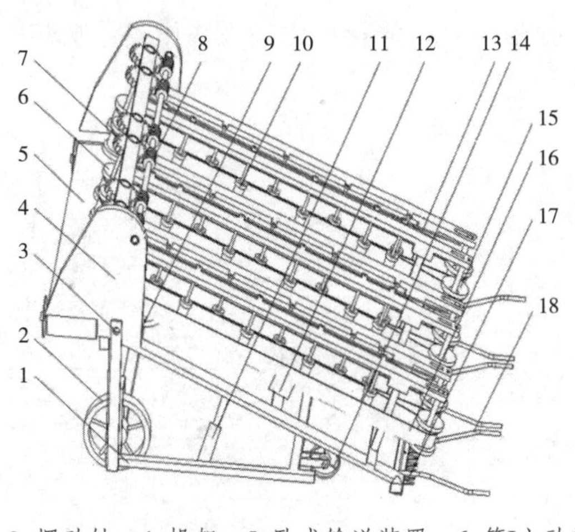

1. 底盘；2. 行走轮；3. 摆动轴；4. 机架；5. 卧式输送装置；6. 第I主动带轮；7. 蜗轮；8. 蜗杆；9. 转向装置；10. 张紧支撑装置；11. 电动推杆；12. 电池；13. 扶禾装置；14. 仿形轮；15. 第I从动带轮；16. 立式输送带；17. 切割装置；18. 拨禾装置

图4–14　叶类蔬菜有序收获机示意图

三、存在的问题及发展趋势

（一）存在的问题

1. 农艺的复杂粗放限制了机具的使用

蔬菜具有很多不同的种类，不同种类的蔬菜需要不同的生长环境，也有着不同的特征性质，农艺较为复杂，没有统一的生产种植模式，对机械化收获的要求较高，目前我国蔬菜的播种、移栽、浇灌过程机械化程度还很低，农艺粗放，规范性较差，这就对蔬菜有序收获机械的适应性提出了更高的要求[24]。

2. 技术不成熟，易堵塞，收获损伤率较大

由于国内对叶类蔬菜有序收获机械的研发尚处于起步的状态，蔬菜收获作业本身环境恶劣，收获过程中的叶片、泥土等杂物容易堵塞作业机械，特别是割台处极易发生堵塞现象，清理起来较为麻烦，从而影响收获效率，再加上叶类蔬菜柔弱易碎的物理特性，导致目前研发的叶类蔬菜收获机械仍存在着收获后的叶类蔬菜损伤率较大的现象。在叶类蔬菜机械化收获的过程中，应尽量降低蔬菜的损伤率，使之达到合理的范围内，提高经济效益。

3. 结构形式较为单一，智能化程度低

目前研发出的较为成功的几类叶类蔬菜收获机械，结构形式较为单一，采用

了较多的机械传动方式，不仅增加了机具的复杂程度，也容易出现损坏的情况，也不利于机具的日常维修和保养。同时，机具的智能化程度较低，无法有效的面对复杂多变的作业环境及品种多样且柔弱易碎的叶类蔬菜。

4. 使用效益问题限制机具的推广

主观上，菜农受传统思维的影响，认为蔬菜的收获本身就是一种劳动密集型产业，菜农对蔬菜收获机械的迫切程度较低。客观上，我国目前蔬菜生产的主体仍是个体散户种植，对菜农来说，购买设备的投资回收期较长，而菜农又并不把自身劳动力算入成本当中，再加上目前研发的蔬菜收获机械的作业质量还难以达到人工收获的质量标准，因此菜农难以接受蔬菜的机械化收获作业。

（二）未来发展趋势

目前，我国对茎叶类蔬菜机械化收获的研究虽然仍处于起步阶段，但是通过引进国外蔬菜收获机械进行研究，在此基础上所研发出来的蔬菜收获作业机械基本上能满足小范围地区的茎叶类蔬菜收获问题，但是要研发出真正符合我国特殊情况及作业环境的一系列作业机械，实现真正意义上的蔬菜机械化有序收获，未来茎叶类蔬菜收获作业机械的研发要着重从以下5个方面进行突破。

1. 加强农机与农艺融合的研究

农业机械化的实现要求工程技术与种植技术相结合，二者相辅相成，发挥各自优势，共同实现农业产品的高效与高产。茎叶类蔬菜的粗放型农艺加大了蔬菜收获机械的开发难度，因此在未来研究过程中，农业机械科研人员应从农艺的角度设计研发蔬菜收获的作业机械，将农业机械适应农艺作为重要的研究方向，设计与农艺相融合的作业机械，例如，统一行距与株距、统一栽培模式等。

2. 加强对茎叶类蔬菜物理力学特性的研究

茎叶类蔬菜机械化收获过程中，叶菜损失率和损伤率是不可避免的，但是如何尽量降低收获过程中叶菜的损失率和损伤率，将其控制在合理的范围内，也是未来研究需要考虑的因素之一。茎叶类蔬菜的叶片具有柔软易碎的物理特性，将这种物理性质具体量化，通过大量试验得出各种不同种类蔬菜抗拉强度、剪切力、拔取力等力学特性以及株高、根茎粗细、叶片开合程度等几何形态，对未来蔬菜收获作业机械的研究有着重要意义。

3. 优化作业机械结构，降低制造成本

随着设施农业的普及，蔬菜多种植于温室大棚内，结构简单，体型小巧才能适应未来蔬菜收获机械的发展趋势，加上目前国内茎叶类蔬菜种植主体仍是个体散户的小规模种植，考虑到农民经济承受能力，在满足性能的前提下，应当尽量优化机械结构，降低制造成本，价格低廉的作业机械才符合我国特殊形势及未来的发展趋势，因此更好地优化作业机械结构，降低制造成本也是未来设计开发茎叶类蔬菜收获机械需要着重考虑的问题。

4. 更好地实现有序收获

茎叶类蔬菜存在收获铺放难、成本高、效率低、劳动强度大等一系列问题，如何更好地实现茎叶类蔬菜的有序化收获过程将是未来农业机械科研人员必须要攻克的难题。目前，国内茎叶类蔬菜实现有序化收获过程主要还是依靠柔性夹持输送机构和切割后直接装箱两种方式来实现，柔性夹持技术还存在着蔬菜损伤率高等诸多问题，而人工装箱则是介于机械化无序收获和有序收获之间的一种方式，收集仍需人工辅助才能保证有序，只能算是半自动化实现有序收获的过程。为了降低劳动强度，提高劳动效率，更好地实现蔬菜有序化机械收获也是未来研究的发展趋势。

5. 装备的智能化水平有待提高

目前，国内研发的蔬菜收获机械大多结构形式单一，机具的智能化程度较低，无法有效面对复杂多变的作业环境及品种多样且柔弱易碎的茎叶类蔬菜。随着智能机器人技术的兴起，智能控制技术、机器视觉技术、传感器技术、导航定位技术等都得到了快速发展。国外已有关于将机器视觉技术与传感器技术结合从而在蔬菜收获过程中记录蔬菜数量和质量等信息的报道。随着精准农业的兴起，将智能控制与导航定位技术运用到蔬菜收获过程中，便可能实现蔬菜的机械收获中将损失率和损伤率降至与人工相同甚至更低的水平。未来茎叶类蔬菜收获机械想要具备更强的适应性和通用性，降低收获损伤率，必将在智能化程度上有所突破。

第二节 4GCD-600型叶菜无序收获机

一、叶菜收获特性

本文以鸡毛菜为收获对象设计开发叶菜收获机，鸡毛菜是十字花科植物小白菜的幼苗，因含有丰富的维生素和矿物质、口感和质地柔嫩而深受大众喜爱。鸡毛菜多采用露地或棚内做畦密植的方式，周年供应。鸡毛菜生长周期短，夏季高温时一般为20～25d，冬季30d左右，为保证收获的鸡毛菜口感鲜嫩，通常在其生长至高150～250mm时收获。鸡毛菜的切割原则是“低”和“平”，为避免浪费，鸡毛菜采收时切割高度需在0～10mm范围内。

二、机具的总体结构与工作原理

（一）总体结构

4GCD-600型叶菜无序收获机主要由机架、切割装置、分禾装置、拨禾装置、输送装置、收集装置、操控系统和行走系统组成[25]，如图4-15所示。其中：整机的各工作部件传动均采用电机驱动，确保机具作业时无污染、噪声小；操控系统设计使各工作部件的转速无级可调，实现对不同种类、不同生长状况和种植条件下叶菜收获。4GCD-600型叶菜无序收获机的主要技术参数如表4-1所示。

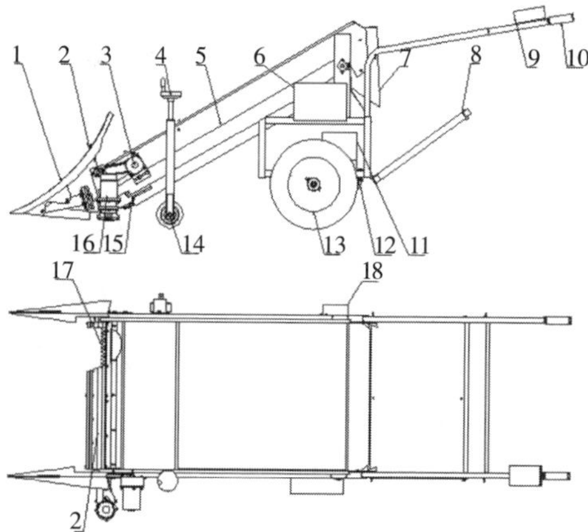

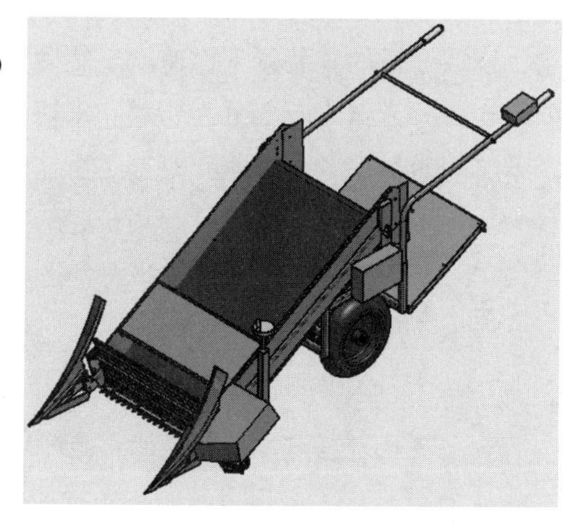

1. 分禾器；2. 拨禾轮；3. 拨禾电机；4. 高度调节轮；5. 机架；6. 控制器；7. 挡菜板；8. 收集板；9. 操纵器；10. 操作扶手；11. 蓄电池；12. 行走传动系统；13. 行走车轮；14. 高度调节轮；15. 防跑偏输送带；16. 切割电机；17. 割刀；18. 输送电机

图4-15　4GCD-600型叶菜无序收获机总体结构

表4-1　样机的主要技术参数

项目	数值
配套动力（AH）	40
切割幅宽（mm）	600
切割高度最大调节范围（mm）	0 ~ 80
轮距（mm）	600
轴距（mm）	685
外形尺寸（长×宽×高）（mm）	2 650 × 1 025 × 1 040
整机重量（kg）	180

（二）工作原理

首先，根据被收叶菜的种类、种植生长情况、菜畦高度和切割高度等，调节左前轮的手柄以调整切割高度，调节拨禾轮距割刀的位置以适应不同高度的叶菜，选取合适的各装置工作速度。然后，对叶菜进行收获作业，随着机具匀速向前行走，分禾器将叶菜分为切割和未切割两个区域，往复式双动刀快速地将叶菜割下，同时拨禾轮将被割叶菜推送至输送带上，随输送带向后输送至后方收集装置中。拨禾轮还起到将倒伏叶菜扶起的作用。

三、关键部件设计

（一）拨禾装置设计

1. 拨禾装置结构设计

拨禾装置的作用是将倾倒的菜叶扶正，确保切割装置有效切根、控制留茬高度；同时主动将密植的茎叶类蔬菜割后推送至输送带上，避免割台堵塞。茎叶类蔬菜（鸡毛菜）极为鲜嫩，为降低机械拨禾对菜叶的损伤，如图4-16所示，采用柔性板式拨禾的设计，拨禾安装板固定安装在旋转轴上，带有一定硬度的拨禾板一端与拨禾安装板固定，橡胶软板包住另一端。

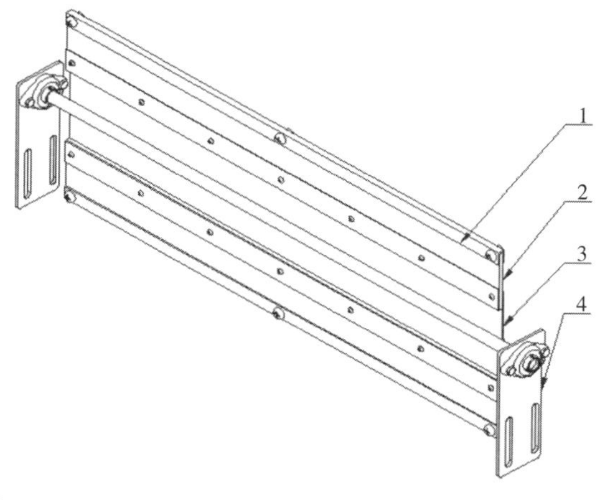

1. 橡胶护板；2. 拨禾板；3. 拨禾安装板；4. 拨禾位置调节板

图4-16　拨禾装置结构图

2. 拨禾装置安装位置研究

拨禾装置安装位置的合理设计可以避免作物发生回弹，并对割倒的蔬菜叶柄有稳定的推送作用。分析机具行走速度和拨禾速度间的关系可知，只有当拨禾板运动轨迹为余摆线时，才有向后拨禾的水平分向量，才能实现拨禾轮的作用。当拨禾轮轴在割刀的正上方时，拨禾板的作用范围等于余摆线扣环宽度的1/2，将拨禾轮轴相对割刀前移，则拨禾轮的作用范围增大。为避免叶柄发生回弹，造成叶柄破损、漏割现象，如图4-17所示，拨禾轮的最大前移量b_{max}应满足下式：

$$b_{max} = h\tan\alpha + v_m(t_2 - t_1) - R\cos\omega t_1 \qquad （4-1）$$

式中，α为回弹角，°；h为割刀离地高度，mm；v_m为机具前进速度，mm/s；R为拨禾轮直径，mm；t_1为拨禾轮刚接触叶柄的时间，s；t_2为拨禾轮刚要离开叶柄的时间，s；ω为拨禾轮轴角速度，rad/s。

茎叶类蔬菜叶柄已割部分的长度为L_1，重心的位置在叶柄中心处，即：$l=L_1/2$，拨禾轮中心的安装高度应满足下式：

$$H > R + \frac{1}{2}(L - h) \qquad （4-2）$$

式中，H为拨禾轮中心离割刀高度，mm；R为拨禾轮半径，mm；L为茎叶类蔬菜自然高度，mm；h为割刀距地面高度，mm。

通常低于150mm高度的茎叶类蔬菜（鸡毛菜）采收浪费严重、经济性差，高于250mm高度的茎叶类蔬菜口感不鲜嫩，因此茎叶类蔬菜适采高度在150 ~ 250mm。本文设计3种尺寸的拨禾轮，分别是直径200mm、270mm、350mm，经试验，拨禾装置轮径200mm过小，易造成茎叶类蔬菜缠绕，轮径350mm过大，拨禾作用不明显，故设计拨禾装置轮径270mm。

因机械化切割茎叶类蔬菜（鸡毛菜）的最大高度是10mm，当菜生长高度取150mm时，H>205mm；当菜生长高度取250mm时，H>255mm。本文设计拨禾轮中心的安装高度是200 ~ 260mm范围内可调，以适应收获不同高度的茎叶类蔬菜（鸡毛菜）。

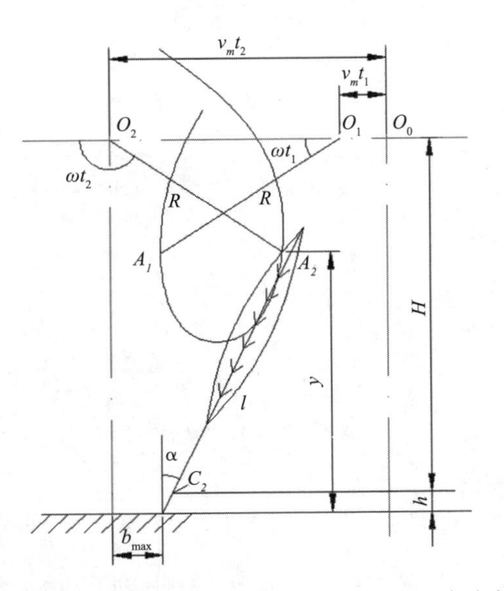

注：A_1为入禾点；A_2为临界回弹点；α为回弹角，°；h为割刀离地高度，mm；v_m为机具前进速度，mm/s；R为拨禾轮直径，mm；t_1、t_2为时间，s；ω为拨禾轮轴角速度，rad/s；l为切割下叶柄的长度，mm；H为拨禾轮中心离割刀高度，mm。如果拨禾板在点A_1接触的叶柄（生长在点M处）被引导到与拨禾板接触的极限位置（拨禾板与叶柄接触的最后位置）点A_2时，割刀尚未达到点C_2，则随着拨禾板的提升，此叶柄将会发生回弹。

图4–17　叶柄回弹示意图

（二）往复式双动切割装置设计

切割装置是叶菜收获机的核心工作部件，为避免机械收获造成菜的浪费，设计要求茎叶类蔬菜（鸡毛菜）采收时切割高度需在0 ~ 10mm范围内。本文采用往复式双动切割方式，设计双曲柄连杆传动机构，曲柄半径8.75mm，并设计用偏心轮代替曲柄，如图4-18所示，与单动切割相比，具有结构简单紧凑、性能稳定可靠、制造成本低的优点。

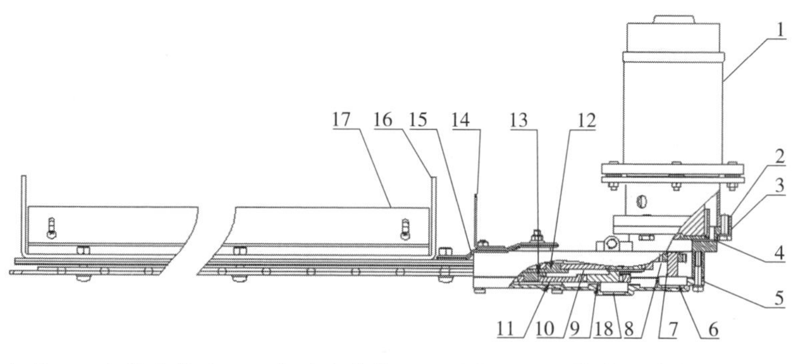

1. 驱动电机；2. 电机安装座；3. 传动上箱体；4. 联轴器；5. 传动下箱体；6. 传动轴承；7. Ⅰ级传动轴；8. 传动齿轮；9. 偏心轮；10. 上传动连杆；11. 下传动连杆；12. 上动刀；13. 下动刀；14. 箱体安装座；15. 固定板；16. 割刀安装座；17. 导板；18. Ⅱ级传动轴

图4-18　切割装置结构图

本文设计割刀的驱动位于刀片右侧，切割幅宽600mm，刀片主要结构参数如表4-2所示。

表4-2　刀片结构参数

项目	数值
切割行程S（mm）	17.5
切割角α（°）	20
刀齿高度h（mm）	21.5
刀片厚度d（mm）	2.5
前桥b（mm）	7.8
齿数	20

四、各部件速度关系分析

（一）行走与拨禾速度关系研究

收获机作业时，拨禾轮上拨禾板的运动轨迹是其绕拨禾轮轴的圆周运动与机具前进运动的合成，其运动方程式如下：

$$x = v_m t + R\cos\omega t \tag{4-3}$$

$$y = (H + h) - R\sin\omega t \tag{4-4}$$

式中，x为拨禾板上任一点的水平坐标；y为拨禾板上任一点的垂直坐标；v_m为收获机的前进速度，m/s；ω为拨禾轮角速度，rad/s；t为时间，s。

拨禾板的运动轨迹形状，取决于拨禾轮的圆周速度与机具前进速度之比$\lambda=v_y/v_m=R\omega/v_m$，不同$\lambda$值的拨禾板运动轨迹形状如图4-19所示。

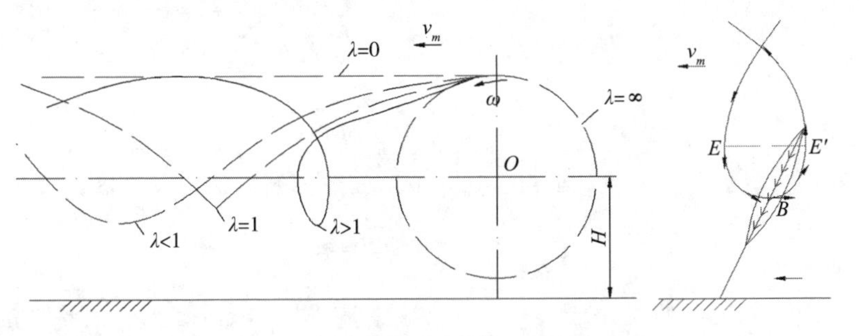

图4-19　不同λ值时拨禾板的运动轨迹形状

分析图4-19可知，当$\lambda>1$时（即$R\omega>v_m$），拨禾板的运动轨迹是一条余摆线，拨禾板在线圈的最大横弦EE'上，E点的绝对速度是垂直向下，E'点的绝对速度是垂直向上，最低点B的绝对速度是水平向后，因此，只有在EBE'线段范围内才有向后拨禾的水平分向量，才能实现上述拨禾轮的作用，即拨禾轮正常工作的必要条件是$\lambda>1$。

由于茎叶类蔬菜具有柔软易损伤的特性，若λ过大，会导致拨禾板向后推动的冲击力过大而伤菜，因此对于茎叶类蔬菜收获的拨禾速度比不宜太大，本文设计收获机的前进速度v_m为0.85km/h，经试验选定拨禾速度比$1<\lambda<1.2$，即17r/min<n<20r/min。

（二）行走与切割速度关系研究

本文设计双偏心轮连杆机构来驱动上下动刀做往复式运动，随着双偏心轮在水平面内的转动，上下割刀的位移、速度和加速度都是关于时间的三角函数，近似于简谐运动。因此在收获作业过程中，切割器动刀运动的绝对路线由机具的前进运动（速度v_m）和动刀片相对于机具的简谐运动组成，其方程式为：

$$y = r\cos\left(\pi x / S\right) \quad (4\text{-}5)$$

式中，S为割刀的进距，mm；r为曲柄半径，mm。

割刀的进距S是动刀片一个行程（由极左位置运动到极右位置，或相反）中机具前进的距离：

$$S = 60v_m \times 10^3 / 2n \quad (4\text{-}6)$$

式中，v_m为机具前进速度，m/s；n为曲柄转速，r/min。

往复式双动切割器工作时，割刀单位时间内的扫过面积是双动刀单位时间内的位移和机具前进位移的乘积，双动刀片的绝对运动轨迹反映了切割器的工作过程，其图形即切割图[20]（如图4-20）。本文参考稻麦收割机绘制叶菜收获机切割图，通常稻麦收获机的刀机速比是1.0～2.0，本文选取割刀速度与前进速度比为1.7、1.5、1.3，即割刀进距为10.6mm、11.7mm、13.5mm，图4-20表示不同割刀进距下，往复式双动切割器的工作情况。

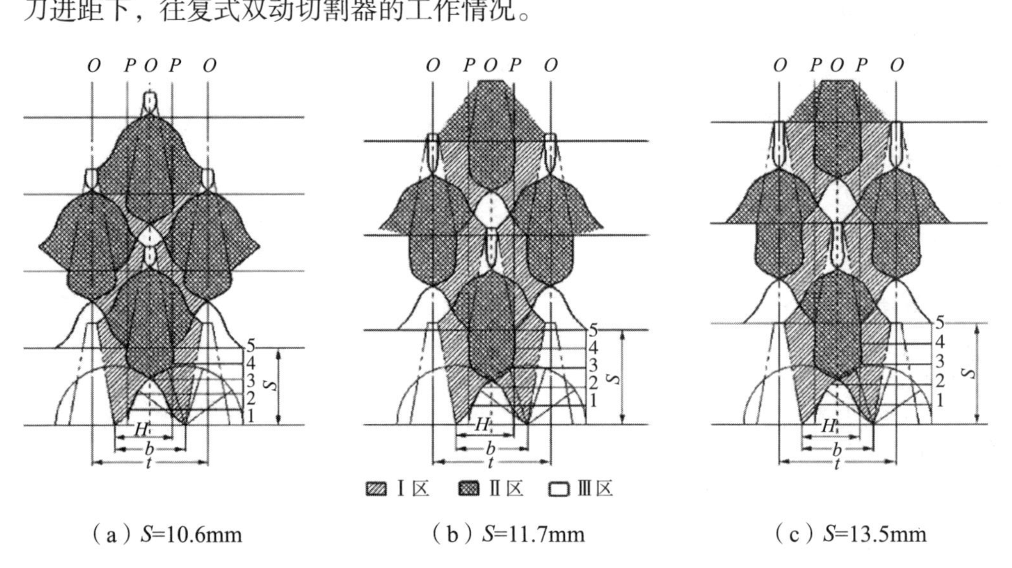

（a）S=10.6mm　（b）S=11.7mm　（c）S=13.5mm

注：S为割刀进距，H为刀的切割行程，t为相邻刀齿的间距，O轴是双动刀的切割起始线，P轴是切割终止线，Ⅰ表示一次切割区，Ⅱ表示重割区，Ⅲ为漏割区。

图4-20　不同割刀进距下双动刀片的切割图

由于传统的单动刀切割器一次切割时，多数叶柄会发生横向倾斜，造成留茬高、收获损失大，本文利用双动刀片间往复相对运动产生的剪切力切割叶菜，有效避免了刀片横向推动叶菜的问题；重割区域面积过大，会造成刀片的重复无用切割、能耗高；漏割区域面积过大，漏割区的叶菜被割刀推向前方产生纵向倾斜，在下一次行程的一次切割区内被切割，会造成倾斜量加大、割茬高。从上述分析可知，漏割区和重割区都对切割性能有不良影响，因此应尽量避免漏割、减少重割。分析图4-20可知，当刀片的结构形状确定，随着进距减小，一次切割区的切割面积减小、漏割区面积减小、重割区面积增加、割茬降低，因此在保证切割效率和切割质量的前提下，应适当减小切割进距。本文确定割刀进距为10.6mm，则曲柄转速n是680r/min。

（三）行走与输送速度关系研究

输送装置是联系割台和收集装置的桥梁，输送的速度快慢直接影响整机的工作性能，输送速度快则单位面积内堆积的禾层薄，反之则禾层厚。如果输送速度过慢，则被切割的叶菜大量堆积在输送带上，会导致出现拨禾轮旋转伤菜、卡死，喂入不畅、收获损伤大等问题；而输送速度过快会使机具振动加大、能耗增高。输送速度v_i与行走速度、禾层厚度h之间满足下式：

$$v_i = v_m B / kh \text{ (m/s)} \quad (4\text{-}7)$$

式中，v_m为机具前进速度，m/s；B为割幅，mm；h为堆积禾层厚度，mm；k为叶柄聚集系数。

由上述公式可得，输送单位面积禾层厚薄，决定于机具前进速度v_m与输送速度v_i的比值，与切割速度无关。所以当机具行走速度确定时，若收获区域茎叶类蔬菜种植过密，导致输送带上堆积禾层过厚，则需要增大输送速度v_i，避免输送卡滞等现象。本文将输送速度和行走速度设计成单独调速，便于根据叶菜的种植密度和长势灵活调节作业速度，增强机具的适应性，输送速度调节范围是0.2～0.4m/s。

此外，为了确保叶菜的可靠收获，本文还设计了在输送装置靠近拨禾轮处装有输送盖板，防止被收叶菜因惯性作用而被拨禾轮卷带出机体外；输送装置的输送带内侧采用啮合同步带结构、同时设计有输送带张紧机构，防止输送带跑偏和变形变松，确保可靠输送。

五、样机田间试验

（一）试验条件

该机于2017年2月在江苏省昆山市玉叶蔬食产业基地进行了田间收获试验（如图4-21所示），收获对象是设施棚室种植的鸡毛菜。试验参照GB/T 5262—

1985《农业机械试验条件测定方法的一般规定》，对收获期鸡毛菜的田间状况进行调查，得到田间试验条件如表4-3所示。试验棚内地势平坦，地头宽度1.1m、无障碍，适宜机具田间转弯掉头，当天天气晴好。

表4-3　4GCD-600型叶菜无序收获机试验条件

项目	描述
鸡毛菜品种	二月慢
平均生长高度（mm）	166.5
菜畦宽（mm）	2 350
菜畦高（mm）	130
种植方式	密植、撒播
前茬作物	鸡毛菜
棚门宽（mm）	2 000
棚门高（mm）	1 950
地形	平坦

图4-21　机具收获试验

（二）试验方法

根据GB/T 3871.4—1993《农业机械试验方法》等国家标准对收获机现场作

业性能进行测试，主要选取收获机采收叶菜的完整率、漏割率、漏拾率、生产率4个性能指标进行测试，同时考察整机各部件的作业性能。试验不得少于3次，每次试验各项目测定的数据不得少于3个，取其平均值。

叶菜完整率的测定，要求在存放机收菜的筐内上、中、下层各取出一定数量的鸡毛菜匀和作为大样，从大样中按对角线四分法取出分析样，分析样不少于300g，将样品中的菜分成轻伤菜、重伤菜和碎菜片3类，称重计算百分率。

叶菜漏割率、漏拾率的测定，取1m机具连续作业长度，将散落的菜叶（包括碎菜片）和未切割掉的菜叶分别收集称重计算百分率。

（三）试验结果与分析

通过研究确定整机各部件的速度分别为：拨禾速度18r/min，切割速度680r/min，输送速度0.3m/s。为了验证叶菜收获机设计的可行性，在不同的机具行走速度条件下，取得的试验结果如表4-4所示。

表4-4　不同行走速度下的试验结果

行走速度（km/h）	叶菜完整率（%）	漏割率（%）	漏拾率（%）	平均生产率（亩/h）
0.55	87.49	0.87	2.42	0.82
0.85	92.79	1.04	2.60	1.27
1.15	84.65	3.16	4.33	1.72

田间试验结果表明，收获机行走速度是影响收获质量的一个重要指标，机具各部件速度均与行走速度有着密切关系，收获机以1.15km/h的速度作业时，切割和漏割区增大，漏割率升高，过量的鸡毛菜堵塞割台，叶菜完整率降低，虽然生产率提高了，但收获的叶菜品相差、损失高，不能满足菜农的收获要求；收获机以0.55km/h的速度作业时，拨禾轮重复打击次数增加造成叶菜完整率降低，虽然漏割率和漏拾率未有较大变化，但生产率低亦不能满足要求；当收获机以0.85km/h的速度作业时，叶菜完整率92.79%，漏割率1.04%，漏拾率2.60%，平均生产率1.27亩/h，均达到或超过该机的设计技术指标（如表4-5所示），收获机行走速度与各部件速度配比关系较好。鸡毛菜生长高度及切割高度测量如图4-22。

（a）生长高度测量

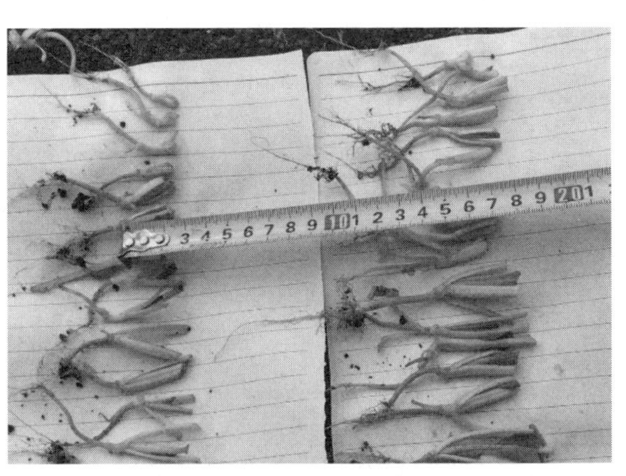
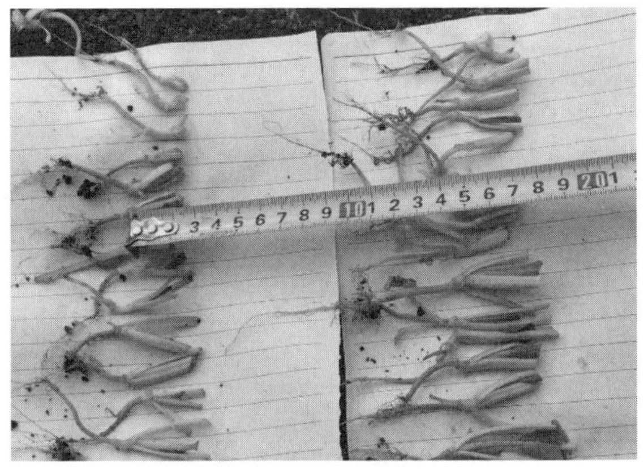

（b）切割对比效果图

图4-22　鸡毛菜生长高度及切割高度测量

表4-5　收获机主要性能指标

项目	设计值	实际值
叶菜完整率（%）	≥85	92.79
漏割率（%）	≤3	1.04
漏拾率（%）	≤5	2.60
生产率（亩/h）	≥0.8	1.27

第三节　4GCY-1200型茎叶类蔬菜有序收获机

一、总体结构与工作原理

（一）总体结构

为了实现茎叶类蔬菜的有序收获过程，本文设计的茎叶类蔬菜有序收获机主要由机架、切割装置、柔性扭转夹持输送装置、水平卧式输送装置、收集装置、行走系统、控制系统等组成，总体结构如图4-23所示。

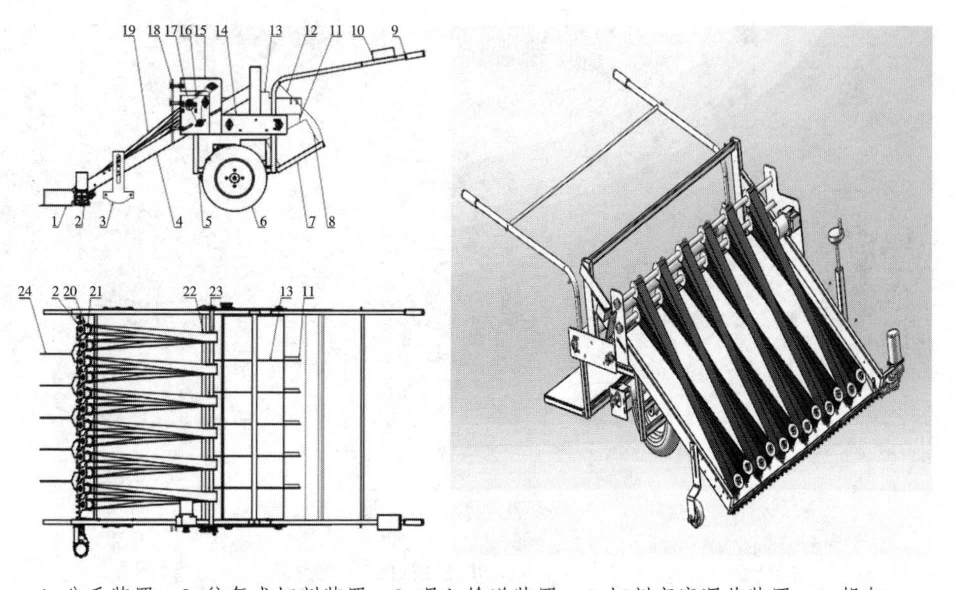

1. 分禾装置；2. 往复式切割装置；3. 喂入输送装置；4. 切割高度调节装置；5. 机架；6. 行走系统；7. 蓄电池；8. 操控系统；9. 操作手柄；10. 控制系统；11. 夹持输送传动系统；12. 主动喂入导杆（或导板）；13. 柔性夹持输送装置；14. 上安装板；15. 间隙调节板；16. 从传动辊；17. 下安装板；18. 海绵输送带；19. 驱动电机；20. 主动传动轴；21. 主传动辊；22. 从传动辊；23. 上主传动辊；24. 扶禾装置

图4–23　样机总体结构图

（二）工作原理

整机创新研究高效低损切割技术、柔性喂入技术、机电液耦合技术以及有序输送技术，收获幅宽为1.2m，作业速度范围为0～1.04m/s，具体工作过程和原理如下：机具工作时，电力驱动收获机向前行走，往复式双动割刀将茎叶类蔬菜的茎秆齐根切断，割茬高度可调，拨禾片将茎叶类蔬菜分为6行收获；机具前进，切断后的茎叶类蔬菜在柔性扭转夹持输送装置的作用下，由站立位姿有序倒向一侧，并输送至机具顶部；茎叶类蔬菜被输送至顶部有序的落入水平输送带，水平输送带将茎叶类蔬菜平躺着输送至机具收集框中。整个收获过程满足了有序切割、有序输送及有序收集，实现了茎叶类蔬菜的有序收获过程，基本满足露地和设施种植的收获要求。

（三）主要技术参数

根据茎叶类蔬菜种植的农艺要求，研制的茎叶类蔬菜有序收获机采用手扶式电机驱动式，具有结构紧凑、操作简单、噪声小、无污染、作业效率高的优点，整机技术参数如表4-6所示。

表4-6　样机主要技术参数

项目	数值
外形尺寸（mm）	2 000 × 1 600 × 970
驱动方式	电动
作业幅宽（mm）	1 200
作业速度（m/s）	0 ~ 1.04
电池容量（AH）	40
割刀形式	往复式双动割刀
作业效率（亩/h）	1.4

二、关键部件设计

柔性扭转夹持输送装置设计

1. 输送速度及夹持输送带参数的确定

经过切割装置切断后的茎叶类蔬菜需要通过输送装置有序输送至机具另一端的收集箱中，为了实现有序输送这个过程，本文设计采用柔性扭转夹持输送装置，该装置主要包括6对柔性夹持带以及夹持带传动机构等。柔性扭转夹持输送带的动力由额定电压48V、额定功率300W、额定转速2 000r/min的直流电机提供，输送速度无极可调，可根据机具行走速度和作业具体情况而实时进行调节，夹持输送带的输送关系应满足以下关系式[23]：

$$\frac{\pi n_B D_B}{60} \geqslant \frac{v_n}{\cos\theta} \qquad (4\text{-}8)$$

式中，n_B为输送带转动轴转速，r/min；D_B为输送带转动轴直径，mm；v_n为机具前进速度，mm/s。

由式（4-8）分析可知，输送速度一般要略大于机具行进速度，输送速度过小，输送过程中容易发生堵塞情况；输送速度过大，经立式夹持带输送至顶端的茎叶类蔬菜无法有序落入水平输送带，容易造成茎叶类蔬菜的杂乱无序，同时由于较大的输送速度，也易造成茎叶类蔬菜更大的损伤率，通过参考稻麦收获机以及后期样机大量试验，当输送速度为机具行走速度的1.2～1.5倍时，输送过程较为平顺，不会发生拥堵现象，输送速度在0.3～0.8m/s范围内可调。根据设计要求，茎叶类蔬菜有序收获机的割幅为1.2m，机具分6行收获，设计6组夹持输送带，带宽B=50mm，带长L=2 500mm。

2. 柔性扭转夹持输送装置倾斜角的确定

为便于对输送装置进行理论研究和参数设计，可以将柔性扭转夹持输送装置简化为倾斜立式和水平式两部分进行研究，即在茎叶类蔬菜的有序输送过程当中，立式夹持输送带夹持着茎叶类蔬菜茎秆向斜上方运动，最后再由水平输送带输送至收集框内。一般情况下，为确保夹持稳定性及降低夹持带对茎叶类蔬菜叶片的损伤，夹持输送带的夹持位置中心应在茎叶类蔬菜茎秆质心的下方，若茎叶类蔬菜的质心位置在其顶部向下的1/3处，茎叶类蔬菜茎秆在夹持输送过程中的受力示意图如图4-24所示。

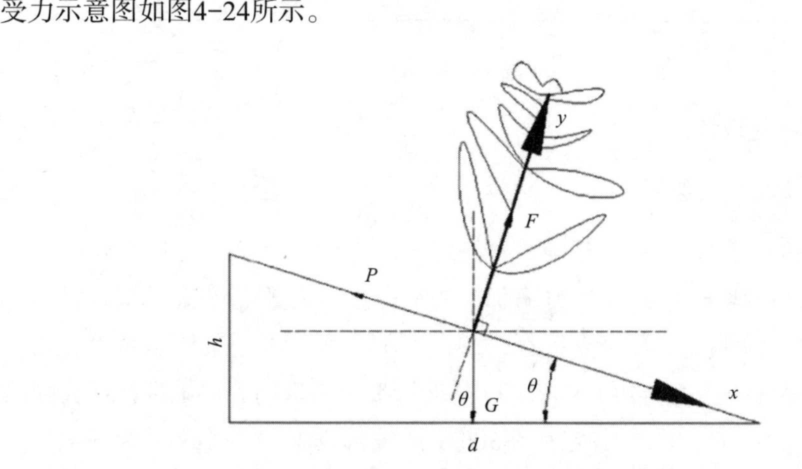

图4-24　茎叶类蔬菜茎秆夹持输送受力示意图

在图4-24中，F为夹持输送带对茎叶类蔬菜的支持力；G为茎叶类蔬菜所受重力；P为夹持输送带对茎叶类蔬菜向斜上方向上的输送力；θ为夹持输送带倾斜角度。根据图4-24可以得出茎叶类蔬菜在输送过程中所受夹持受力分析：

$$F = G\sin\theta \tag{4-9}$$

$$P = G\cos\theta \tag{4-10}$$

由上式可知，在夹持输送过程中，输送带倾角θ对输送力P及夹持力F都有影响。因此，在茎叶类蔬菜的实际收获过程中，立式夹持输送带倾斜角θ的大小对后续有序收集的过程有着较大的影响，倾斜角过大，茎叶类蔬菜在输送过程中易发生倾倒堆积现象；倾斜角过小，则在整机长度确定的情况下无法保证一定的输送距离，又无法给收集框的安装预留一定高度。通过参考其它种类蔬菜收获机的输送带倾角大小及后期样机的试验调试，本设计确定茎叶类蔬菜有序收获机立式输送带安装倾斜角度为20°。

经过立式夹持输送带输送至机具顶端的茎叶类蔬菜，若是保持站立式姿态直接落入收集框内，则无法实现茎叶类蔬菜的有序收集过程，因此，本文设计的输送带采用柔性扭转夹持的方式，即由立式夹持输送连续过渡为卧式输送，使茎叶类蔬菜以水平铺放的姿态输送至机具另一端的收集框内，从而完成茎叶类蔬菜的有序收集过程。

三、样机田间试验

（一）试验条件

研制的茎叶类蔬菜有序收获机于2017年11月23日在江苏省昆山市玉叶蔬食产业基地进行了田间收获试验，如图4-25所示，试验对象为收获期鸡毛菜，鸡毛菜种植于设施大棚内，设施大棚内地势平坦，棚门宽2m，棚门高1.95m，地头宽度1.1m，样机棚内转向无障碍，试验当天天气阴有小雨，田间土壤条件黏着湿润，参考GB/T 5262—1985《农业机械试验条件测定方法的一般规定》，对鸡毛菜生长情况及试验条件调查，得到试验条件如下表4-7所示。

表4-7　鸡毛菜有序收获机田间试验条件

项目	描述
鸡毛菜品种	二月慢
种植方式	密植、撒播
种植密度（株/m^2）	1 000
生长高度（m）	0.22
前茬作物	鸡毛菜
菜畦宽（m）	2.35
菜畦高（m）	0.13
地形	平坦
土壤条件	壤土
地头宽度（m）	1.1

图4-25　茎叶类蔬菜有序收获机田间试验

（二）试验方法

通过上文对茎叶类蔬菜有序收获机进行结构及工作原理的分析可知，机具的切割速度、行走速度、输送速度三个参数对茎叶类蔬菜的收获效果均有较大影响，为了进一步研究这三个速度参数对茎叶类蔬菜收获效果的影响，本文采用3因子3水平正交试验$L_9(3^4)$，以机具的切割速度（A）、行走速度（B）、输送速度（C）为试验影响因子，正交试验开始之前，在田间先做各影响因子的单因素试验，得到行走速度A的三个水平分别为0.12m/s、0.16m/s、0.25m/s；行走速度B的三个水平分别为0.35m/s、0.4m/s、0.5m/s；输送速度C的三个水平分别为0.3m/s、0.4m/s、0.5m/s，试验因子水平如表4-8，正交试验设计表如表4-9，结合茎叶类蔬菜（鸡毛菜）的特殊生长情况及物理特性，选取收获过程中茎叶类蔬菜的损失率（X）及损伤率（Y）作为收获质量评价指标，对比其对茎叶类蔬菜收获效果评价的重要程度，采用加权评分法，茎叶类蔬菜收获损失率的权重占比为70%，损伤率的权重占比为30%，收获损失率和损失率的满分均为100分，综合得分为各指标得分加权以后相加。

表4-8　正交试验的因素与水平

水平	行进速度A（m/s）	切割速度B（m/s）	输送速度C（m/s）
1	0.12	0.35	0.3
2	0.16	0.4	0.4
3	0.25	0.5	0.5

表4-9　正交试验设计

试验号	A	B	空列	C
1	1	1	1	1
2	1	2	2	3
3	1	3	3	2
4	2	1	2	3
5	2	2	3	2
6	2	3	1	1
7	3	1	3	2
8	3	2	1	1
9	3	3	2	3

（三）试验结果与分析

正交试验得出行走速度、切割速度、输送速度对损伤率和损失率的影响结果如表4-10所示。

表4-10　正交试验结果

试验号	A	B	空列	C	损伤率（%）	损失率（%）
1	1	1	1	1	2.5	13.17
2	1	2	2	3	2.7	4.37
3	1	3	3	2	7.8	3.60
4	2	1	2	3	1.1	32.46
5	2	2	3	2	3.6	28.12
6	2	3	1	1	7.5	23.86

（续表）

试验号	A	B	空列	C	损伤率（%）	损失率（%）
7	3	1	3	2	3.2	38.84
8	3	2	1	1	3.8	34.08
9	3	3	2	3	7.0	25.28

将9组正交试验所得损伤率和损失率按加权评分法计算得分，其中损伤率占比30%，损失率占比为70%，综合得分为各指标得分加权以后相加，满分均为100分，由于损失率和损失率都是越低越好，故加权得分后综合得分越低者越优，得分结果如表4-11所示。

表4-11　损伤率及损失率加权评分结果

试验号	A	B	空列	C	加权得分
1	1	1	1	1	9.969
2	1	2	2	3	3.869
3	1	3	3	2	4.86
4	2	1	2	3	23.052
5	2	2	3	2	20.764
6	2	3	1	1	18.952
7	3	1	3	2	28.148
8	3	2	1	1	24.996
9	3	3	2	3	19.796

对表4-11计算所得试验数据进行极差分析，通过分析可以得到机具行进速度、切割速度、输送速度对茎叶类蔬菜收获效果的影响程度大小，并得出三组速度的最佳速度组合，结果如表4-12所示。

表4-12　极差分析表

试验号	A	B	空列	C	加权得分
1	1	1	1	1	9.969
2	1	2	2	3	3.869

（续表）

试验号	A	B	空列	C	加权得分
3	1	3	3	2	4.86
4	2	1	2	3	23.052
5	2	2	3	2	20.764
6	2	3	1	1	18.952
7	3	1	3	2	28.148
8	3	2	1	1	24.996
9	3	3	2	3	19.796
T_{1j}	18.698	61.169	53.917	53.917	
T_{2j}	62.768	49.629	46.717	53.772	T=689.373
T_{3j}	72.913	43.608	53.772	46.717	
R_j	54.215	17.561	7.2	7.2	

根据表4-12所得极差值R_j的大小，可知影响茎叶类蔬菜收获效果因素的主次排序为A（行走速度）>B（切割速度）>C（输送速度），由于损失率和损伤率都是数值较低者为优，所以每个因素都是选T_{ij}中值最小的水平。其中行走速度A的T_{1j}=18.698最小，故行走速度选择一水平A_1；切割速度B的T_{3j}=43.608最小，故切割速度选择三水平B_3；输送速度C的T_{3j}=46.717最小，故输送速度选择三水平C_3，由此可以得出，为了保证茎叶类蔬菜有序收获机在收获作业过程中，将茎叶类蔬菜的收获损失率和损伤率都降至最低水平，机具行走速度、切割速度、输送速度之间最佳作业组合应该是$A_1B_3C_3$。

（四）试验验证

按照正交试验所得到的机具行走速度、切割速度、输送速度之间最佳作业组合$A_1B_3C_3$进行机具结构的优化改进后，在设施大棚内进行了多次试验验证，所得试验结果如表4-13所示。

表4-13　验证试验结果

试验号	损失率（%）	损伤率（%）
1	2.1	2.7

（续表）

试验号	损失率（%）	损伤率（%）
2	1.9	1.8
3	3.5	1.2
平均	2.5	1.9

验证试验结果表明，所研制茎叶类蔬菜有序收获机的收获效果较好，收获后的鸡毛菜损伤率和损伤率较低，收集框内鸡毛菜品相较好，并且能实现鸡毛菜在收集框内的有序堆放，初步满足第一轮样机试制要求。

第五章　结球类蔬菜收获装备技术研究

第一节　概　述

在中国传统观念里，蔬菜一直是人们饮食中不可缺少的部分，并且蔬菜也给农村带来了巨大的经济利益，关乎农民的收入状况和城镇居民的饮食状况。近些年来，我国社会经济持续增长，国家也对种植业做出了相应的调整，因此我国蔬菜的种植面积逐年增加。根据我国农业部统计资料显示，在2011年我国蔬菜总产量及总种植面积均已超过粮食作物，成为第一大类农作物[26]。其中甘蓝的适应性及抗逆性强，稳产，耐贮运，容易达到周年供应的目标，因此我国的甘蓝栽培发展极其迅速，2012年甘蓝的种植面积超过印度，跃居世界第一[27]。在甘蓝生产过程中，收获的用工量占到了甘蓝生产投入劳动量的40%左右，研究表明甘蓝实现机械化收获可提升甘蓝生产效率2.8倍以上，而我国的甘蓝机械化水平基本属于空白阶段，大多数仍以人工收获为主，导致用工量增加，劳动强度增大，生产成本增高等问题。相对于粮食的机械化水平严重滞后，与其相应的地位严重不符。因此，实现甘蓝机械化收获越来越迫切。

早在20世纪30年代，国外就已经开展甘蓝收获机的研制，经过多年的研究和开发，目前国外甘蓝收获已实现全程机械化。甘蓝收获机大体结构一般由拔取机构、输送提升机构、切根机构、剥叶机构和收集机构等组成。其中，拔取机构的作用是，在收获机前进时迫使甘蓝从地里连根拔起；输送提升机构作用是，利用具有弹性的皮带等机构夹持甘蓝，将其从向上输送，在输送过程中配有拨禾装置使甘蓝输送过程中更加顺利；切根机构的作用是，利用圆盘切割机构将输送过程中的甘蓝根部及外包叶切掉；剥叶装置的作用是，利用差速皮带转速的不同，相互碰撞摩擦将甘蓝的外包叶全部去掉，最后进入收集箱。

一、国外甘蓝收获机的发展历程

1931年，世界上第一台甘蓝收获机（图5–1）由苏联的N.H.鲍洛托研制出来，据今已有八十多年历史。该机主要由拔取装置、切割装置和输送装置等部件组成。拔取装置设置了左右两个拔取器，拔取器主要由两条回转的链条组成，内侧设置了压紧弹簧，整个拔取器与地面呈25°。当工作时，两条回转的链条夹住甘蓝的茎处，将甘蓝从地里拔取并运输到割刀处，切下根后由输送装置将切根后的甘蓝输送到收集框中。两个拔取器分别固定在输送装置的两端，但两个拔取器并非同时工作，当一个拔取器工作时，另一个拔取器抬起，处于不工作状态。该机与CT315/30拖拉机配套使用，为单行收获[17]。

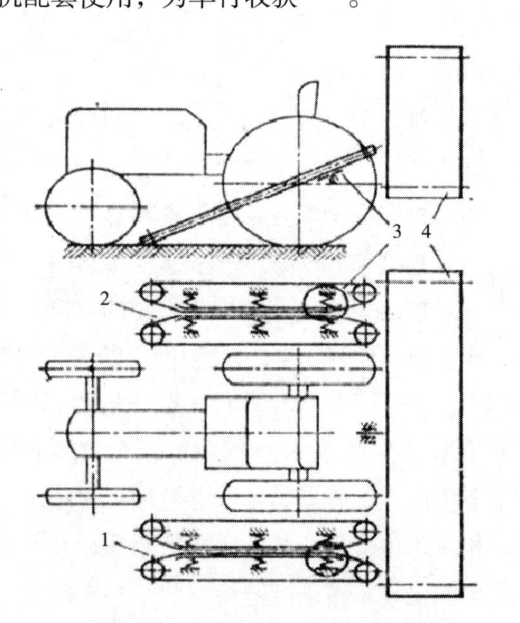

1. 左拔取器；2. 右拔取器；3. 割刀；4. 输送装置

图5–1　苏联第一台甘蓝收获机

1951—1954年苏联研制的CKM-1和NKH-1单行甘蓝收获机，两种甘蓝收获机的工作形式和工作部件相似，只是两个甘蓝收获机的行走方式不同。CKM-1在使用中要与XT3-7拖拉机配套。该机主要由导向器、拔取输送器、输送带、圆盘割刀和横向输送器等部件组成。在机器工作过程中，先由导向器紧贴地面，插入甘蓝下部，随着机器的向前运动，拔取输送器倾斜的表面对甘蓝有向上的分力，在分力作用下，将甘蓝从地里拔取，再由拔取输送器上的回转链条将甘蓝的根部夹紧向上输送，直到通过圆盘刀将根部切断。最后由横向输送器将甘蓝输送到收集装置中。根据田间试验表明，该甘蓝收获机的工作状态不太稳定，特别是在地面不平整或地面湿润的状况下，收获效率低，收获效果差。

1993—1994年，日本开发了一种新型自走式单行甘蓝收获机。该机的长、宽、高分别为360cm，154cm，175cm，总质量为810kg，配套65.4kW汽油机为动力牵引履带行走。当机器向前移动时，甘蓝被夹持输送带夹住并向后运输，并用一对相对转动切割机构切断甘蓝的根，然后将它们运送到安装在机器尾部的收集箱。在该机上进行了现场试验。统计分析表明，该甘蓝收获装置收获一颗甘蓝所需的时间约为1～2s。该机器每小时可收获约0.03hm^2。

1997年，日本国家农机研究所的Murakami等研制的多次选择性甘蓝收获机，主要由图像采集系统、液压驱动摘取手、并行控制系统等部分组成。能够自动分辨甘蓝的成熟度，从而达到多次采收。但该收获机的拔取准确率仅为44%，平均每55s拔取一棵甘蓝，收获效率较低。从目前的研究来看，虽然多次选择性收获机器人更符合甘蓝成熟度不一致的生长特点，但还没有解决甘蓝识别率低、抓取准确率低、抓取效率低等显著问题，无法满足生产应用的需求，显得并不经济实用。

1998年，美国研制出了一种甘蓝联合收割机，该机为单行收获。该机的收获装置安装在拖拉机的右侧。收获装置主要由导向器、螺旋输送器、圆盘切刀、叶片分离器和输送器等组成，如图5-2所示。该收获机能一次完成拔取、切根、除叶和收集等工序。作业时，导向器插入甘蓝下部，由螺旋输送器将甘蓝从地里拔起，并将甘蓝引向圆盘刀，切下甘蓝根部；由叶片分离螺旋分离出被切下的老叶或残叶；再由检查输送台将甘蓝输送到卸菜输送器，最后将甘蓝送至挂车。为减轻装载时撞击对甘蓝的损伤，在卸菜输送器的尾部安装了可调整高度的缓冲托盘。经田间试验表明：该机的收获效率达到0.5hm^2/h，损伤率和漏收率低于5%。

1999年，加拿大开发了一台机械式甘蓝收获机。该机主要由拔取器、横向带、切割器、输送机等组成。机器运行时，由拔取器将甘蓝从地里拔取，再由两根横向带将甘蓝输送到切割器上，切下根茎后，将甘蓝带到倾斜的输送机上，该输送机将甘蓝运送到拖拉机另一侧的收集装置中。经过实验，该机械式收获机的收获效率要比人工收获的损坏要大一些，但是机械收获的效率是大大的高于人工收获。该机现在也已经在市场上有所应用。

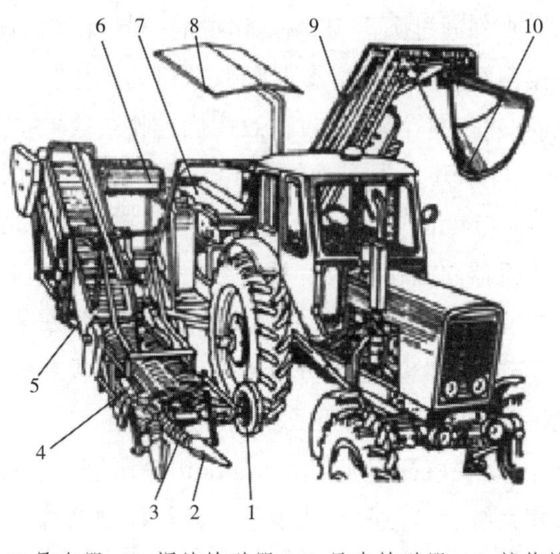

1. 仿行轮；2. 导向器；3. 螺旋输送器；4. 吊索输送器；5. 接收输送装置；
6. 叶片分离输送器；7. 检查输送台；8. 布蓬；9. 卸菜输送器；10. 缓冲托盘

图5–2　结球甘蓝联合收获机

2000年，日本国家农业研究中心开发了一种集收获、运输和包装为一体的联合收割机，如图5–3所示[28]。收割机只需要3名工作人员就能够完成整个收获进程。工人A操作收割机，控制拖拉机拔取、切根、运输甘蓝，工人B剥去甘蓝的外叶，工人C选择和包装甘蓝。该机悬挂在15kW拖拉机一侧，收获方式为单行收获，一次完成甘蓝的根和外叶的切割，但该机收获过程中损失率为20%左右，并且剥叶和包装过程均由人工操作。

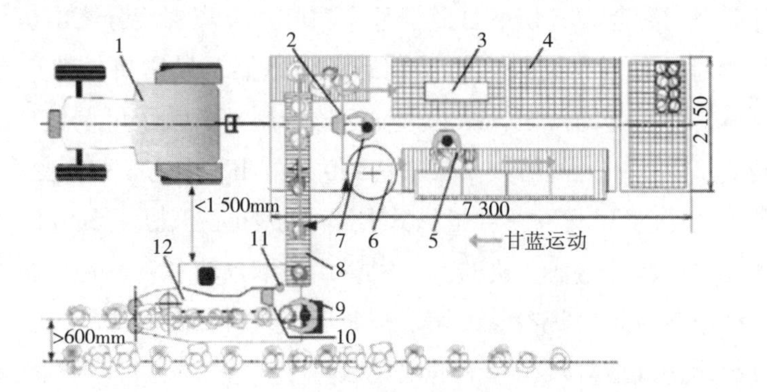

1. 拖拉机；2. 处理系统；3. 托盘；4. 拖车；5. 工人C；6. 转盘；7. 工人B；8. 液压传送带；
9. 工人A；10. 化处理系统；11. 拖拉机控制器；12. 收获机械

图5–3　一次性甘蓝联合收获机械的工作过程简图

2004年，加拿大HRDC研制的甘蓝收获机（图5-4）为单行收获，收获部件悬挂在拖拉机的左侧，动力由拖拉机提供。该收获机采用电子液压控制系统，能够控制割刀高度以及拔取升运机构的高度，确保整齐、精确地切割。利用软橡胶传送带夹持甘蓝球茎，辅助完成切割作业并把球茎部传送到集装箱内。

图5-4　加拿大甘蓝收获机

2010年，美国研究了一次性收获工艺收获机械，并在近几年取得重要突破。俄亥俄州率先开始出售了金科尔食用甘蓝收获机。该收获机分为单行和双行两种类型，型号分别为PT-K-1和PT-K-2，两者都是牵引式。PT-K-1为单行收获机，该机长4.3m，宽2m，总重量约为1 260kg（包括升运器），工作行距为0.6m，工作效率为40～60t/天；PT-K-2为双行收获机，工作行距为0.76m，工作效率为50～120t/天以上。该机由两根螺旋绞龙拔出甘蓝并由沿着绞龙移动的限位输送带完成输送过程，在输送过程中，两片回转式圆板型割刀切除甘蓝的根部及其外叶，切割装置由液压马达驱动，机具上装有鼓风机能对切除下来的外叶进行去除，最后由升运装置将甘蓝输送上车。

近年来，瑞士开发的TK-2000甘蓝收获机，该机为牵引式双行收获，并带有甘蓝升降装置，可将收获的甘蓝直接输送到联合作业的输送车上。能够一次性完成拔取、切根、输送、剥叶和收集等功能。

二、国内甘蓝收获机的研究现状

国内对甘蓝收获机的研究报道很少，大多数处于基础理论研究阶段，目前还没有相关机型在国内推广使用。近些年，由于国家对种植业结构的调整，人们对甘蓝的机械化收获也相对重视起来，一些相关的科研机构也开始研发甘蓝收获机构，并且也取得了一定的研究成果，但这些成果大都处于试验阶段，仍不足以开发出商业化的成熟机型，离实际应用的目标还存在不小的差距。

20世纪80年代末，台湾栾家敏教授研究制造出两行的收获机，主要包括行走、引导、拔取、采集、传送、切根、螺旋式输送、皮带式运输等结构。动力方面采用的是5.88kW的汽油机，行走采用的是履带，设计方面考虑到了灵活性，可以实现拐弯、倒退等多种操作。操作时运行速度有高低两个档，向前操作的速度27~80cm/s，向后操作的速度大概是30~70cm/s。

2011年，甘肃农业大学王芬娥等分析了我国甘蓝的生产现状[28]，对甘蓝根茎部进行了切割力学特性试验，并设计了4YB-1型甘蓝收获机的总体结构[29]。该收获机采用侧置悬挂式单行作业形式，包括固定锥式收集机构，双螺旋杆式提升机构，圆盘式切根器，滚筒式剥叶机构等。该研究尚处于样机设计阶段，仅对整机进行了虚拟设计，并未制造出物理样机，设计方案有待进一步的样机与试验验证。

东北农业大学周成等测定了甘蓝植株的物理形态参数、拔取力和剪切力等，设计并试制了甘蓝收获机物理样机，主要包括双圆盘式导入装置、双螺旋拔取输送装置、带式扶持装置、圆盘刀切根装置、滚筒式外包叶去除装置、集收装置等。通过实验室试验优化了双螺旋拔取输送装置和外包叶去除装置等关键部件的工作参数。试验样机田间测试结果表明：该收获机的拔取率为97%，切口整齐率为89%，作业效率约为0.08~0.1hm^2/h，表现出良好的作业性能。该机型为拖拉机侧牵引式，虽然完成了样机的制造，但田间试验次数较少，还存在不少的问题，研究也并未根据田间试验结果做进一步的优化[30]。

2017年，杜冬冬等人研究了江浙一带的甘蓝物理力学特性，对甘蓝根茎部进行了切割部位试验、切割力正交试验、切割劈裂破损试验。研制出了一种适合江浙一带的履带自走式甘蓝收获机，该机采用全液压动力系统，结构紧凑，试验结果表明该机收获效率较低、收获损失率较高[31]。

2018年，由农业农村部南京农业机械化研究所果蔬茶团队与山东合作研发的甘蓝收获机（图5-5），该机为双行收获，液压式动力。在收获过程中，割刀接触于地面，在甘蓝根未脱离地面的情况将根部切断，再由波浪式输送带将甘蓝向后输送。经过试验，该机能够正常收获生长规则、大小相近的甘蓝，对于一些偏倒的甘蓝收获的成功率很低。

图5-5　4GCB-2型乘驾式甘蓝收获机

第二节　4GYZ-1200型自走式甘蓝收获机

一、总体结构与工作原理

（一）总体结构

针对我国江浙一带的结球甘蓝种植模式及种植要求，设计了4GYZ-1200型自走式甘蓝收获机，该机为双行收获，一次性下地可进行甘蓝的拔取、夹持输送、切根、收集、装箱等作业，收获行距为500mm。该机的主要结构由拔取机构、夹持输送机构、切根机构、横向输送机构、收集箱和机架等构成。4GYZ-1200型自走式甘蓝收获机的主要技术参数如表5-1所示。

表5-1　样机技术参数

项目	数值
外形尺寸（长×宽×高）（mm）	2 500×1 200×1 300
整机重量（kg）	1 500
配套动力（kW）	18
生产效率（亩/h）	1～1.5
行走速度（m/s）	0～0.7
收获行数（行）	2
适应行距（mm）	500

（二）工作原理

该机利用柔性拔取技术、双圆盘切割技术、机电液耦合技术和柔性夹持输送技术，创新的设计出高效低损的甘蓝收获机。该机的行走速度在0～0.7m/s可调，能够一次性收获两行甘蓝，其工作原理如下：将拔取机构下降至离地面2～3cm左右，拔取机构的引拔杆以一定角度插入甘蓝外包叶下部，当整机向前运动时，通过引拔杆将地里的甘蓝以固定角度拔起，同时拨禾轮转动将甘蓝头部向后拨动，使甘蓝进入夹持输送机构，夹持输送机构将甘蓝夹住向后输送的同时，双圆盘切割机构将甘蓝的根部切除，切除根部的甘蓝将进入横向输送机构，最后送入收集箱中。整机结构图及虚拟样机模型如图5-6和图5-7所示，样机实物图如图5-8所示。

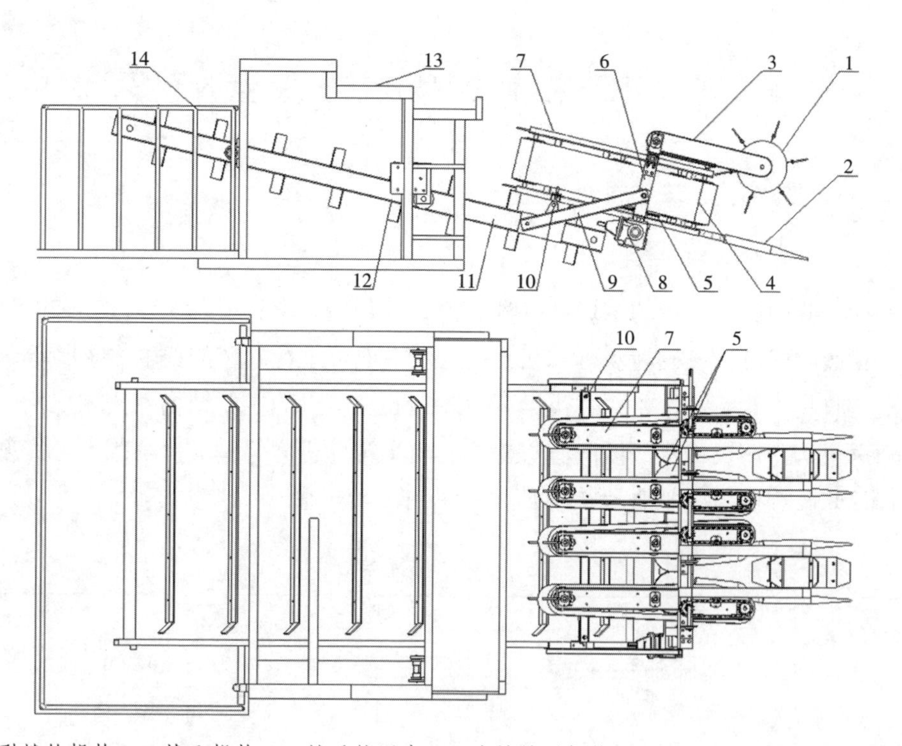

1. 引拔轮机构；2. 拔取机构；3. 拨禾轮罩壳；4. 夹持输送机构；5. 双圆盘切根机构；6. 割台机架；7. 夹持输送带安装架；8. 变速器；9. 割台连接板；10. 割台安装架；11. 横向输送带；12. 横向输送带挡板；13. 底盘机架；14. 收集箱

图5-6　4GYZ-1200型自走式甘蓝收获样机结构图

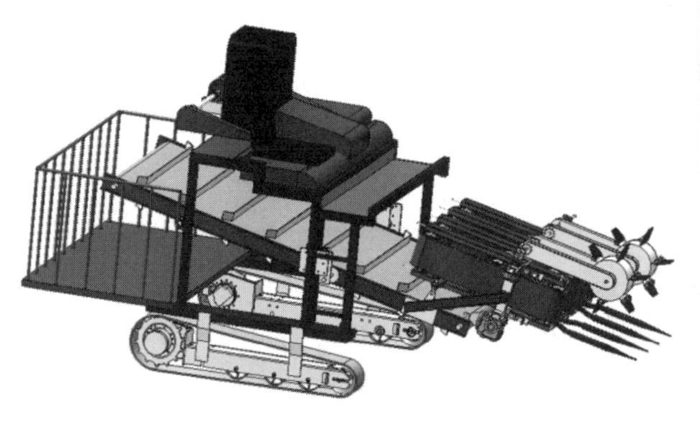

图5-7　虚拟样机模型

图5-8　4GYZ-1200型自走式甘蓝收获样机实物图

二、关键部件设计

（一）拔取机构设计

本文所设计的拔取机构（图5-9）主要包括拨禾轮和引拔杆，引拔杆的作用是收获机在前进的过程中，使甘蓝的根茎脱离地面并顺着引拔杆向后输送；拔取机构上面的拨禾轮通过自身旋转可以向后推动甘蓝球部，使其顺利进入夹持输送机构。本文所设计的拔取机构与双螺旋拔取机构和双圆盘拔取机构相比，结构更为简单，对甘蓝的损失程度更小，同时所需的动力也更小。引拔杆前端与地面水平，后端与地面呈一定角度，在工作过程中，前端水平部位与地面贴近，引导甘蓝进入夹持输送机构。拨禾轮位于喂入口上方，在甘蓝即将进入夹持输送机构时起到辅助导正并喂入的作用。

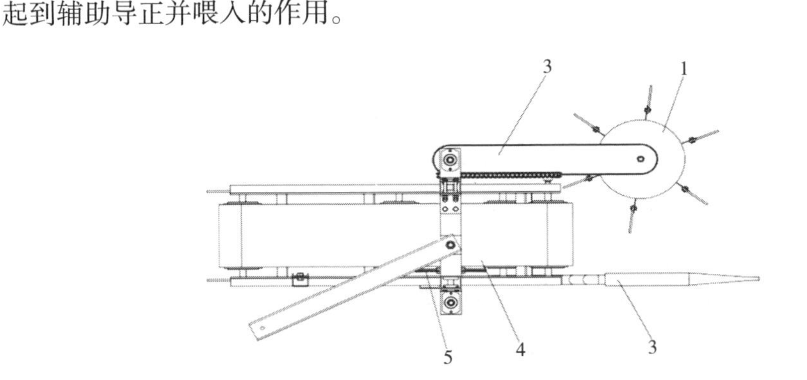

1. 拨禾轮；2. 引拔杆；3. 拨禾轮罩壳；4. 夹持输送带；5. 割刀

图5-9　拔取机构

收获机在工作时，拨禾轮的运动轨迹是由收获机的前进运动和拨禾轮自身旋转运动合成而来，其运动轨迹的形状是由拨禾轮圆周速度和收获机前进速度的比值拨禾速度比λ来确定[31]：

$$\lambda = \frac{v_y}{v_m} \tag{5-1}$$

λ的值为0到正无穷，当λ=0时，拨禾轮的运动轨迹为直线；当λ<1时，拨禾轮的运动轨迹为短幅摆线；当λ=1时。拨禾轮的运动轨迹为普通摆线；当λ>1时，拨禾轮的运动轨迹为长幅摆线；当λ趋于无穷时，拨禾轮的运动轨迹为圆。要使拨禾轮对甘蓝有引导、扶持、推送的作用，必须使拨禾轮具有向后的分速度。即只有λ>1时，拨禾轮在运动过程中下部叶片具有向后的分速度。因此，在拨禾轮设计中，需保证λ>1，但λ值越大，拨禾轮的叶片对甘蓝的击打力度也就越大，就容易造成甘蓝的损伤，因此λ的值选取需综合考虑。

设拨禾轮上面均匀分布着m张叶片，则拨禾轮上每转动一张叶片对应收获机前进的距离为：

$$S=v_r \frac{60}{mn_r} \tag{5-2}$$

式中：v_r为收获机的前进速度，m/s；

m为拨禾轮叶片的数量，片；

n_r为拨轮的转速，r/min。

以拨轮轴O_0在地面上的投影点O为坐标原点，甘蓝收获机的前进方向为X轴正方向，Y轴垂直向上为正，拨禾轮外缘上的一点由水平位置A_0开始做顺时针方向旋转，其轨迹方程如下：

$$x = v_m t+R_r \cos\omega_r t \tag{5-3}$$

$$y = H_r - R_r \sin\omega_r t \tag{5-4}$$

式中：R_r为拨禾轮的半径，mm；

ω_r为拨禾轮的角速度，rad/s；

H_r为拨禾轮中心轴离地面的垂直高度，mm。

当拨禾轮在工作过程中，设计拨禾轮上一块叶片对应一颗甘蓝，即拨禾轮叶片之间的距离能容下一颗甘蓝，只有叶片之间的弧长大于甘蓝球体的直径，才能对甘蓝有向后推动的作用。因此，拨禾轮的尺寸设计应满足以下公式：

$$\frac{2\pi R_r}{m} > \mathrm{D} \quad (5-5)$$

式中：D为甘蓝球体的直径，mm。

据统计，江浙一带的甘蓝球体直径一般为250～280mm，经过计算，拨禾轮的叶片数m确定为6片，拨禾轮半径为270mm，叶片采用硬质的橡胶材料。为了能够使收获机连续作业，拨禾轮上的叶片可以连续或间隔的作用于甘蓝，拨禾轮余摆线扣环之间的节距应满足以下关系：

$$S_r = \frac{2\pi R_r}{m\lambda} = \frac{S_p}{z} \quad (5-6)$$

式中：S_r为拨禾轮余摆线扣环之间的节距，mm；

S_p为甘蓝种植株距，mm；

z为叶片作用的间隔量，一般z可以为1，2，3。

按照之前的设计方案，拨禾轮半径为270mm，叶片数为6块，甘蓝种植株距为500mm，z取2。由此计算得出为1.413，由于=1.413>1，拨禾轮的运动轨迹为长幅摆线，具有对甘蓝有引导、扶持、推送的作用，该值也在λ的推荐区间得范围内，因此该设计合理。

（二）切根机构设计

甘蓝切根作业作为甘蓝收获中最重要的环节之一，它决定了机械收获的效果和质量，切根机构的主要作用是切断甘蓝根茎，切根机构安装在夹持输送机构的下部。一般收获用的切割机构有两种形式：圆盘式和往复式。往复式切割一般用于水稻、小麦等根茎较细作物的收割，而圆盘式一般用于甘蔗等根茎较粗作物的收获。由于甘蓝的根茎相对较粗，所以本文设计的切根机构采用圆盘式割刀。如果选用单圆盘刀，刀盘直径较大，转速相对也较高，可能会导致切根过程中受力不平衡。因此，选用双圆盘刀最为理想，双圆盘刀之间有一定的重叠区域，以保障切根的完整性。双圆盘刀的直径不需要太大，转速也不需要太高，可以降低工作过程中的能量消耗，消除切根过程中的不平衡受力。

本文设计的收获机采用的双圆盘式切根机构，双圆盘切根机构是由两个上下间隔距离很小的圆盘刀盘组成，一个刀盘边缘为刃口的圆盘刀，另一个是圆盘锯。两个刀盘有一定的重合区域。在切割过程中，两个刀盘相对旋转，随着机器的前进，将甘蓝根茎钳住并切断。假设切根机构的两个圆盘均为理想圆盘，甘蓝根在切割处为一理想圆，其直径为d，且在切割过程中根茎不发生变形，甘蓝根位置与圆盘刀位置左右对称，则此时甘蓝根茎的切割示意图如图5-10所示。

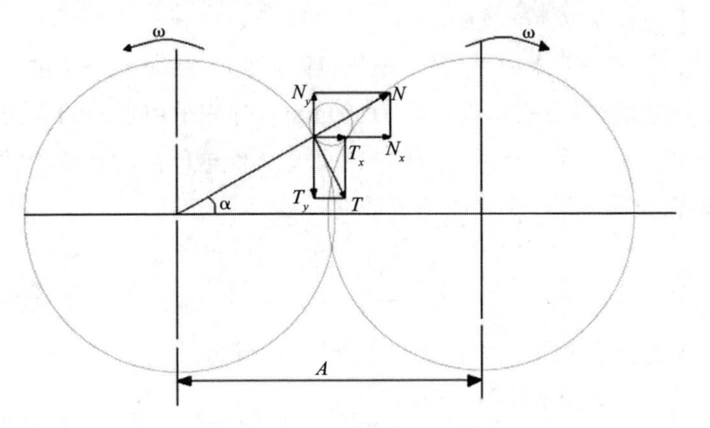

图5-10　甘蓝根茎切割示意图

由图5中的受力分析可得，切割力和钳持力的方程分别为：

$$Q_x=N_x+T_x \tag{5-7}$$

$$P_y=T_y-N_y \tag{5-8}$$

若想甘蓝根茎被刀盘钳持住，则需要$P_y>0$，即$T_y>N_y$，由$T=N_f$得出：

$$N_f\cos\alpha>N\sin\alpha \tag{5-9}$$

所以，当f>tanα或φ>α时，圆盘刀具有良好的钳持性能。此时，

$$\alpha=\arccos\frac{A/2}{(D+d)/2}=\arccos\frac{A}{D+d} \tag{5-10}$$

式中：N为刀盘对甘蓝根茎的法向反力，在x、y方向上的投影分别为N_x、N_y；

T为刀盘对甘蓝根茎的摩擦力，在x、y方向上的投影分别为T_x、T_y；

F为圆盘刀与甘蓝根间的摩擦系数，一般取f=0.5-0.7；

α为刀盘对甘蓝根茎的法向反力N与x轴的夹角，°；

A为两圆盘中心距，mm；

D为圆盘刀直径，mm；

d表示根切割处直径，mm；一般取25～35mm；

φ表示根与切割刀之间的摩擦角，°。

据统计，江浙一带甘蓝根的直径平均为30mm，行距为500mm，因本文设计的甘蓝收获机为双行收获，为避免机械结构的相互干涉，经过试验对比，圆盘刀

的直径为200mm，重叠部分为2mm，中心距为198mm为适宜。此时α为0.53，因此该设计具有良好的钳持性能。

（三）夹持输送机构设计

夹持输送机构的主要作业是夹住甘蓝，并将甘蓝顺利输送到横向输送带上。在输送的过程中，需要甘蓝与夹持输送带保持相对静止，并且要通过切根机构将甘蓝根茎切断，在切根过程中，要保证甘蓝的根茎不能倾斜。本文设计的甘蓝收获机的夹持输送机构采用双横向输送带夹持输送甘蓝，双横向输送带由海绵制成，相邻两输送带的距离小于甘蓝的头部直径，在甘蓝进入输送带后，由海绵的弹力夹持甘蓝头部进行同步输送，实现甘蓝的输送提升、夹持固定等功能。本文设计的夹持输送机构如图5-11所示。根据甘蓝种植情况可知，江浙一带的甘蓝种植行距为500mm，因此双行收获的输送带中心距为A=500mm；苏甘25号甘蓝的直径大小一般为250～280mm，因此本文设计的输送带入口间距d=260mm，因为甘蓝都存在一定数量的外包叶，即使最小的甘蓝也可以利用外包叶与皮带的摩擦力完成甘蓝的夹持输送过程。输送带由外层的3cm厚的海绵和内层1cm厚的橡胶粘合而成，在输送过程中，甘蓝对外层海绵的挤压而使海绵凹陷，形成凹陷的海绵对甘蓝有更大的摩擦力，使甘蓝在切根过程中保持稳定，同时不受损伤。

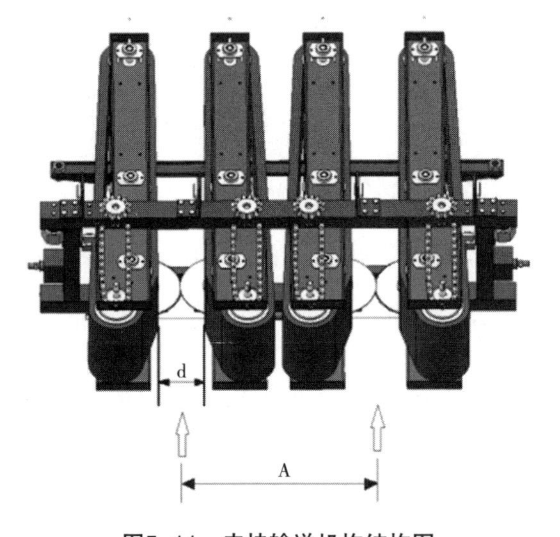

图5-11　夹持输送机构结构图

（四）横向输送机构设计

横向输送机构是将切根后的甘蓝输送到收集箱中。本文所设计的横向输送机构置于夹持输送机构的下方，切根后的甘蓝被夹持输送机构输送后方掉落至横向输送机构上，从而达到收集甘蓝的目的。根据双行收获的要求，横向输送带的宽度应该大于甘蓝种植的行间距加上一个甘蓝球直径的大小，才能保证切根后的甘蓝恰好都落在横向输送带上，因此本文设计的横向输送带的宽度为1 000mm。由于甘蓝主体是球形，为避免甘蓝球体在横向输送带上随意滚动，因此在输送带上面设置了挡板。根据甘蓝球体的大小，最大甘蓝球体直径不超过300mm，因此相邻两个挡板的距离为300mm，挡板的高度为60mm，试验证明甘蓝球体不会翻越挡板。横向输送机构的设计如图5-12所示。

图5-12　横向输送机构结构图

三、样机田间试验

（一）试验条件

本文所研制的自走式甘蓝收获机先后于2018年6月18日在江苏大丰、2018年11月20日在江苏常熟、2018年12月15日在江苏太仓的蔬菜种植基地进行试验，总共进行了5次试验。甘蓝品种均为苏甘25，栽培模式均为起垄种植，单垄双行，行距为500mm，株距为200mm，待收获的甘蓝直径大小为250～280mm。

（二）试验方法

在试验地中选择5垄甘蓝，每垄均为双行种植，每一垄记为一组试验，沿机具前进方向选择100颗甘蓝，机具分别以0.2m/s、0.3m/s、0.4m/s、0.5m/s、0.6m/

s的速度向前行走，刀盘转速固定为300r/min。在试验结束后，分别记录每组试验的拔取率、输送率和切根合格率，拔取成功的标准为甘蓝根茎从地里连根拔起并进入夹持输送机构；输送成功的标准是将甘蓝输送至切根区域，不出现卡输送带和掉落的现象；切根合格的标准为切割面平滑并切根区域为最佳切割区域。由式（5-11）、式（5-12）、式（5-13）可以计算出拔取率、输送率和切根合格率。甘蓝收获机的田间试验情况如图5-13所示。

图5-13　甘蓝收获机田间试验情况

$$\alpha(\%)=\frac{x_1}{100}\times 100 \tag{5-11}$$

$$\beta(\%)=\frac{x_2}{x_1}\times 100 \tag{5-12}$$

$$\gamma(\%)=\frac{x_3}{x_2}\times 100 \tag{5-13}$$

式中：α为拔取率，%；

β为输送率，%；

γ为切根合格率，%；

x_1为成功拔取的甘蓝数量，颗；

x_2为成功输送的甘蓝数量，颗；

x_3为成功切根的甘蓝数量，颗。

（三）试验结果与分析

在田间试验过程中，自走式甘蓝收获机的各工作部件均运转正常，性能稳定，基本能够完成收获作业，试验进行了5组。试验结果如表5-2所示。

表5-2　田间试验结果

	1	2	3	4	5
x_1	88	89	93	92	90
x_2	76	79	86	81	80
x_3	68	72	79	72	72
α（%）	88	89	93	92	90
β（%）	86.4	88.8	92.5	88	88.9
γ（%）	89.5	91.4	91.9	88.9	90

通过试验表明，试验效果最好的为第三组试验，当机具前进速度为0.4m/s的时候，其拔取率、输送率和切根合格率分别为93%、92.5%、91.9%。根据试验结果可以看出，随着机具的前进速度的增加，其收获效果越好，当速度达到0.4m/s时，收获效果最好，当前进速度再增加时，由于前进速度过快导致拔取、输送和切根不及时而影响收获效果，故最佳的前进速度为0.4～0.5m/s。

第六章　豆荚类蔬菜收获装备技术研究

第一节　概　述

一、背景

2014年，中国大豆产量17 900万t，种植面积高达10 210万hm^2，中国已成为继美国、巴西、阿根廷之后，世界第四大豆生产国[12]。青毛豆富含蛋白质、脂肪、磷、钙及多种维生素，性糯味美，口感好，被誉为“绿色牛奶”和“植物肉”，国内外市场前景十分看好。以浙江、江苏省份为例，近年所产青毛豆80%销往欧美和日本市场。青毛豆种植区域主要分布在中国南方省份，春、夏、秋都有种植。特别是江浙等省种植面积逐年攀升，并向专业化、规模化方向发展，种植面积和产量不断提高。目前青毛豆的种植、运输、采后加工都已实现机械化，唯独采摘仍靠人工，严重制约青毛豆产业的发展。而青毛豆种植过程中收获是占用劳动力较多的环节，占生产期间总劳动力的40%以上。

二、豆荚类蔬菜收获装备技术的国内外研究现状

当前，我国菜用大豆收割后的脱荚机械化水平还相当落后，虽然市场上已经有一些专门的毛豆剥壳设备，但功能还不够完善，技术不是很成熟，缺乏成熟的毛豆脱壳机具。这种现状，远远不能适应当前菜用大豆产业发展的速度和规模，不利于农产品的专业化、标准化生产。近年来，随着农村劳动力结构性短缺矛盾的日趋突出和国家不断加大对农机化发展扶持力度，经济作物的生产机械化问题才逐渐被引起关注和重视。

总之，随着农业机械化水平的发展和种植业生产结构的调整，菜用大豆的社会需求逐年增加，种植面积也逐年上升。所以，了解我国菜用大豆的发展现状和

机械化水平，对发展我国高效农业、增加农民收入的意义十分巨大。

由于青毛豆属特色经济作物，种植面积与稻麦玉米等主要经济作物有很大差距，国内外在青毛豆脱荚机理技术领域的基础研究还比较薄弱，基本处于空白状态，在人员和经费投入、研究方法和手段、试验条件、研究的系统性和理论性等方面与稻麦联合收获脱粒技术、玉米摘穗、棉花采摘、花生摘果等主要农业作物领域差距甚远。

脱荚是青毛豆机械化收获与果粒豆类作物中最重要的作业环节，也是决定机具性能的核心因素与核心技术，脱荚装置结构设计以及作业参数选定直接决定了青毛豆等果粒豆类作物收获机的作业性能。国外对豆荚类作物机械化收获研究较早，国外脱粒方法主要有梳齿法、钉齿法、立式辊法、滚筒法等脱粒方式。按收获方式主要分为割后脱粒和直接脱粒两种形式。目前，直接脱粒主要采用梳齿法与立式辊方式，割后脱粒主要采用脱粒滚筒方式。割后脱粒原理与稻、麦联合收获机具较为相似，一般工作幅宽为2～3m，采用扶禾机构、切割刀具将切割后豆秆整体输送至脱粒滚筒，再经清选、输送、收集等完成青毛豆收获过程。日、韩等国改善传统农艺种植模式，采用旋耕、精整、起垄方式进行整地作业，青毛豆进行垄上种植，收获机沟间行走，提高豆荚离地高度，采用立式辊直接脱粒方式进行收获。该机具作业0.13～0.20hm^2/h，单垄收获，省去秸秆切割及输送喂料过程，脱荚率可达99%，收获品相较佳，工作中存在一定漏采与豆荚落入田间的现象，整机作业效果基本为农户接受。

第二节　基于立式辊机构的青毛豆脱荚装置

一、装置工作原理及运动分析

（一）工作原理

立式辊结构青毛豆收获机主要原理：一对脱荚机构与地面以一定倾角平行安装且两脱荚机构之间留一点间隙，机具运行时两脱荚辊以反方向旋转，机具前进过程，豆秆作物穿透于两辊之间，脱荚辊旋转拍捋和螺旋摘捋作用完成豆秆与豆荚的分离，再经输送、风选、收集完成整个收获过程。

青毛豆荚-柄的脱离是由立式脱荚辊机构旋转拍捋青毛豆使豆荚瞬间做变速

运动，由此产生的冲击合力克服豆荚与茎秆节点的连接力，实现青毛豆荚-柄分离。青毛豆脱荚试验装置由脱荚辊、输送机构、角度调节机构、间距调节机构、试验台底座、角度调节螺杆、锥齿轮、传动调速电机、脱荚调速电机等组成。采用电机驱动，链传动输送喂料，试验台绕左侧机架与底座的铰接连接点转动，从而实现脱荚辊与地面角度的连续调节；间距调节机构通过螺杆松紧控制脱荚辊间距；输送调频电机、传动调速电机分别控制脱荚辊转速及豆秆喂入速度，脱荚辊通过一对锥齿轮组合传动，脱荚装置运行过程中脱荚辊高速旋转，对作物豆荚进行向上击打，豆秆从两脱荚辊间隙通过，输送装置输送过程中，脱荚装置对豆秆自上而下完成整个作物脱荚，总体结构如图6-1，主要参数如表6-1所示。

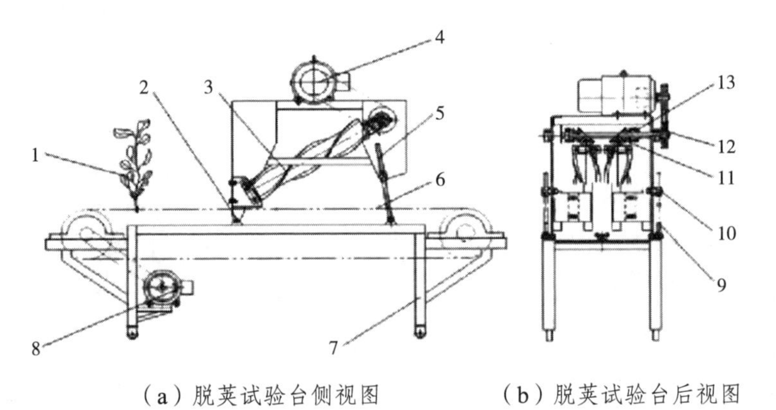

（a）脱荚试验台侧视图　（b）脱荚试验台后视图

图6-1　脱荚试验台总体结构图

表6-1　试验台总体结构参数和工作参数

项目	数值
外形尺寸（长×宽×高）（mm）	4 200×800×1 650
脱荚辊长度（mm）	700
脱荚角（°）	10～30
辊转速（r/min）	0～700
辊间距（mm）	0～30
喂料速度（m/s）	0.3～0.5
脱荚方式	立式辊脱荚

（二）豆荚脱荚运动方程

分析脱荚辊与豆秆植株的作用过程，机器以速度v_m向前运动，如图6-2所示。豆秆在分禾器作用下，喂入脱荚辊时，当豆荚与脱荚辊的螺旋摘板接触后，由于辊隙大于茎秆直径小于植株结荚簇直径，豆荚在螺旋摘板的撞击作用下，迅速产生一个速度v_j，即在Δt时间内，豆荚的速度由0迅速增大到v_j，这个过程中，豆荚与螺旋摘板发生剧烈碰撞，螺旋摘板动能转化为豆荚动能，豆荚受到较大的冲击力F_c，根据冲量定理，假设碰撞时间为Δt，则

$$F_c = \frac{m_g \cdot v_j}{\Delta t} \tag{6-1}$$

$$\overrightarrow{F_c} = \overrightarrow{F_n} + \overrightarrow{F_\tau} - \overrightarrow{m_g \cdot g} - \overrightarrow{F_{脱}} = \overrightarrow{m \cdot a} \tag{6-2}$$

$$I\frac{d_\omega}{d_t} = F_n \cdot r \cdot \cos\theta - F_\tau \cdot r \cdot \sin\theta \tag{6-3}$$

式中：F_c为豆荚所受撞击合力，N；m_g为豆荚的质量，kg；v_j为豆荚的瞬间速度，m/s；Δt为螺旋摘板与豆荚接触时间，s；F_n为法向撞击力，N；F_τ为切向撞击力，N；$F_{脱}$为荚柄脱离力，N；I为豆荚转动惯量，kg · m^2；r为豆荚重心中心O的距离，m；θ为碰撞角度，即碰撞平面与豆荚长轴之间的夹角，°；a为豆荚加速度，m/s^2；d_ω/d_t为豆荚重心中心绕O角加速度，rad/s^2；g为重力加速度，m/s^2。

利用能量守恒定律分析其撞击过程，可以得到

$$P_{总} \cdot \Delta t - P_{空} \cdot \Delta t = \frac{1}{2} m_g \cdot v_j^2 + \int_{s_2}^{s_1} F_{脱} \cdot s\mathrm{d}s + \int_{x_0}^{x_1} k_1 \cdot x\mathrm{d}x + \int_{x_0}^{x_1} m_g \cdot h\mathrm{d}h + \frac{1}{2} k_2 \cdot \Delta x^2 + J_{豆荚} \tag{6-4}$$

式中，$P_{总}$为脱荚时脱荚装置总功耗，W；$P_{空}$为空载时脱荚装置功耗，W；s为豆荚位移，m；s_1为初始位移，m；s_2为豆荚脱离位移，m；x为螺旋摘板位移，m；x_0为豆荚与螺旋摘板接触初始位置，m；x_1为豆荚与螺旋摘板脱离位置，m；k_1为脱荚辊与豆秆摩擦系数；h为豆荚上升位移，m；k_2为螺旋摘板瞬间弹性系数，N/m；Δx为螺旋摘板变形量，m；$J_{豆荚}$为豆荚撞击所获弹性势能，J。由于豆荚质量m_g较小，故项可以忽略不记。而螺旋摘板撞击而产生弹性势能，且螺旋摘板刚度系数较大，弹性变形量很小，几乎可忽略；螺旋摘板与豆秆摩擦阻力所产生能量与脱荚间距、植株含水率、植株茎秆尺寸、脱荚辊材料及形状都有关

系，从机具节能减阻角度考虑，上述几项都为无用功，应尽可能减少。而豆荚无损伤脱离从能量与受力角度考虑应满足如下2个条件：$J_{豆荚} \leqslant J_{破损}$；$F_c \geqslant F_{脱落}$。故脱荚过程中，豆荚撞击后产生的冲击力应大于豆荚最大脱离力且应尽可能大，其他无关能量应尽可能小，而豆荚吸收弹性势能应小于其最大破损能量，避免豆荚破损。

（三）青毛豆荚-柄分离条件

青毛豆单粒豆荚受击后受力如图6-2所示。豆荚相对于坐标O（荚柄连接点）做摆动运动时，受到重力G、撞击力F_c作用，F_c法向分力F_n对豆荚产生轴向拉力，将豆荚拉落，切向分力F_τ会对O产生旋转力矩，使豆荚绕O点扭转，豆荚受扭矩，将豆荚与豆柄折落。

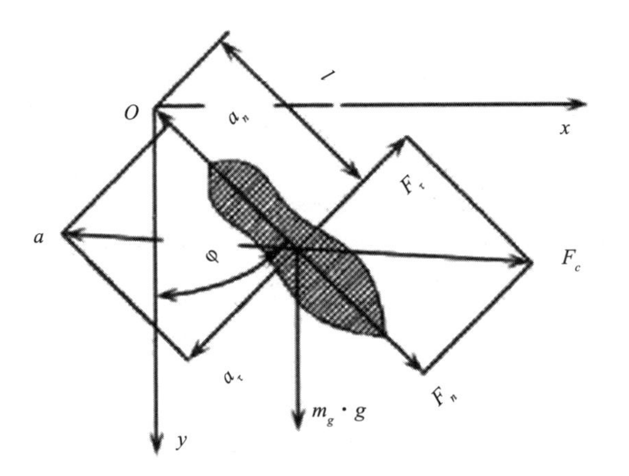

注：m_g为青毛豆单粒豆荚质量，kg；F_c为豆荚所受撞击合力，N；F_n为豆荚法向撞击力，N；F_τ为豆荚切向撞击力，N；l为豆荚重心与荚柄节点长度，m；φ为豆荚转动角位移，rad；a为豆荚加速度，m/s^2；a_n为豆荚法向加速度，m/s^2；a_τ为豆荚切向加速度，m/s^2。

图6-2　单粒豆荚受击后受力图

$$F_n = m_g \cdot a_n = F_c \cdot \cos\varphi = m_g \cdot l \cdot \dot{\varphi}^2 \tag{6-5}$$

$$F_\tau = m_g \cdot a_\tau = F_c \cdot \sin\varphi = m_g \cdot l \cdot \ddot{\varphi} \tag{6-6}$$

豆荚撞击分离形式主要有2种：豆荚与豆柄连接处分离，受到法向冲击力F_n的拉力作用；豆荚与豆柄连接处分离，受到切向冲击力F_τ的作用，产生扭矩折断。根据试验可知，2种脱落形式均满足脱荚要求，不影响收获品相。豆荚分离脱落的条件为：

$$F_n + m_g \cdot g \cdot \sin\varphi > F_{脱} \tag{6-7}$$

$$(F_\tau + m_g \cdot g)l \geqslant T_{脱} \tag{6-8}$$

豆荚粒重力仅0.05～0.2N，可忽略不计。式中：$T_{脱}$为豆荚与豆柄节点脱落最大扭矩，由试验测得$F_{脱}$范围是10～30N，$T_{脱}$受含水率影响较大，含水率越高越难折断且很难定性测定。实践证明，青毛豆脱荚过程中，豆荚脱荚主要是受脱荚辊冲击拉力扯断。因此，寻找提高冲击合力F_c，减少豆荚单位面积所受冲击$J_{豆荚}$的因素十分关键。

二、试验材料与方法

（一）试验材料

试验青毛豆由常熟碧溪出口蔬菜示范园横塘蔬菜基地提供，品种为江苏地区主要种植品种“萧农秋艳”、“豆通六号”，成熟日期一般为7月下旬至8月中旬，采样日期分别为2014年8月1日至2014年8月7日，样品选择形状、质量相似，同气侯条件下采集样品，采后迅速冷藏，贮藏温度为-2～0℃。试验在采样后24h内完成，青大豆植株外形图如图6-3，相关物理特性如表6-2。青毛豆脱荚模拟试验台硬件包括：Y90L-4型电动机、Y100L-4型电动机、JR7000系列通用变频器；V带、锥齿轮等传动装置。测量装置包括：电子天平（精度0.01g）、卷尺、转速表等。

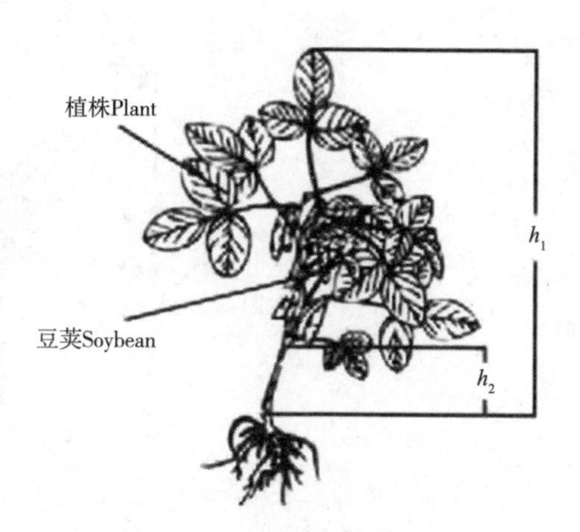

图6-3　青毛豆植株外形

表6-2　青毛豆植株物理特性

品种	植株高（mm）	豆荚离地高（mm）	茎粗直径（mm）	粒均质量（g）	株平均结荚数
萧农秋艳	41.2～65.5	14.3～22.5	4.8～6.5	50.2	18.5
豆通六号	37.2～59.8	14.2～25.5	5.2～6.57	50.8	20.3

（二）试验方法

1. 试验参数计算方法及脱荚质量影响因素确定

通过计数法计算脱荚率、破损率。为保证测试准确性，试验条件为同一时间段收获相同品种青毛豆，脱荚装置相同试验参数情况下多次测量取平均值，每一批次脱荚完成后，统计脱落个数和破损个数，根据下式计算p_r脱荚率、p_t破损率。

$$p_r=\frac{\sum_{i=0}^{n}\frac{n_r}{n_r+n_u}}{n} \tag{6-9}$$

$$p_t=\frac{\sum_{i=0}^{n}\frac{n_t}{n_r}}{n} \tag{6-10}$$

式中，n为试验次数；p_r为脱荚率，%；p_t为破损率，%；n_r为豆荚脱落个数；n_t为豆荚未脱落个数；n_u为豆荚破损个数。青毛豆脱荚率、破损率的大小主要与脱荚辊转速、辊荚角、辊间距、辊型与表面材料硬度、植株成熟度、植株含水率、植株外形等因素都有一定关系，而最主要影响因素有：脱荚辊转速、喂料速度、辊间距。本试验将脱荚率、破损率确定为试验指标，将脱荚辊转速、喂料速度（机具行走速度）、辊间距为试验因素。

2. 试验设计

本试验选取脱荚辊转速A、辊间距B、喂料速度C，3因素为考察因素，对“萧农秋艳”及“豆通六号”两品种进行试验，脱荚植株设定为100株，辊荚角为30°。各因素范围是根据预先试验与经验获得，在脱荚辊转速低于400r/min时，豆荚脱落率太低；高于680r/min时，豆荚损伤率较高；辊间距小于10mm时，豆秆容易挤断；辊间距大于20mm时，豆荚漏采率较高；喂料速度为机具行走速度。综合考虑设计要求，脱荚辊转速选取500～650r/min，辊间距12～18mm，喂料速度0.3～0.5m/s为试验范围。试验所取因素与水平如表6-3所示。进行9组试验，每组分离试验进行5次，取5次测试结果的均值作为该组的试验结果。

表6–3　试验因素与水平

水平	辊转速（r/min）	辊间距（mm）	喂料速度（m/s）
1	500	12	0.3
2	600	15	0.4
3	650	18	0.5

三、试验结果与分析

（一）正交表直观分析

正交试验及数据采集分析结果如表6–4所示，品种对脱荚率与破损率影响较小，2种作物较优组合大致相同。脱荚率的各试验因素水平的较优组合为$A_3B_2C_1$，主因素影响顺序为脱荚辊转速>喂料速度>辊间距；豆荚破损率的各试验因素水平的较优组合，萧农秋艳为$A_2B_3C_3$，豆通六号为$A_1B_3C_3$，主因素影响顺序为脱荚辊转速>辊间距>喂料速度。

（二）方差分析

方差分析见表6–5，结果表明：对于脱荚率指标，在95%的置信度下，豆通六号、萧农秋艳脱荚辊转速显著，喂入速度、辊间距不显著。对于豆荚破损率指标，在95%的置信度下，豆通六号脱荚辊转速、辊间距显著，喂入速度不显著。

表6–4　试验结果与分析

试验号	影响因素				脱荚率（%）		破损率（%）	
	辊转速	滚间距	喂料速度	空列	萧农秋艳	豆通六号	萧农秋艳	豆通六号
1	1	1	1	1	88.45	86.32	5.57	5.52
2	1	2	2	2	85.45	84.32	4.34	4.27
3	1	3	3	3	84.54	83.24	2.27	2.56
4	2	1	2	3	92.53	92.58	4.32	4.52
5	2	2	3	1	97.74	95.89	4.12	4.35
6	2	3	1	2	98.54	97.75	3.27	4.12

（续表）

试验号	影响因素				脱荚率（%）		破损率（%）	
	辊转速	滚间距	喂料速度	空列	萧农秋艳	豆通六号	萧农秋艳	豆通六号
7	3	1	3	2	99.72	98.42	9.24	8.97
8	3	2	1	3	98.57	98.52	9.13	8.92
9	3	3	2	1	97.87	97.48	8.85	8.86

指标						指标					
萧农秋艳脱荚率	$\overline{k_1}$	86.147	93.567	95.187	94.687	豆通六号破损率	$\overline{k_1}$	84.627	92.440	94.197	93.230
	$\overline{k_2}$	96.270	93.920	91.950	94.570		$\overline{k_2}$	95.407	92.910	91.460	93.497
	$\overline{k_3}$	98.720	93.650	94.000	91.880		$\overline{k_3}$	98.140	92.823	92.517	91.447
	R	4.191	0.118	1.079	0.936		R	4.504	0.157	0.912	0.683
	因素主次：A>C>B						因素主次：A>C>B				
	较优组合：$A_3B_2C_1$						较优组合：$A_3B_2C_1$				
萧农秋艳破损率	$\overline{k_1}$	4.060	6.377	5.990	6.180	豆通六号破损率	$\overline{k_1}$	4.117	6.337	6.187	6.243
	$\overline{k_2}$	3.903	5.863	5.837	5.617		$\overline{k_2}$	4.330	5.847	5.883	5.787
	$\overline{k_3}$	9.073	4.797	5.210	5.240		$\overline{k_3}$	8.917	5.180	5.293	5.333
	R	1.723	0.527	0.260	0.313		R	1.600	0.386	0.298	0.303
	因素主次：A>B>C						因素主次：A>B>C				
	较优组合：$A_2B_3C_3$						较优组合：$A_1B_3C_3$				

（三）综合优化分析

本试验2个指标影响因素的主次顺序不同，各指标影响因素较优组合的水平也各不相同，故采用模糊综合评价方法对试验结果进行分析，选出使性能指标都尽可能达到最优的参数组合。为消除2个评价指标量纲和数量级不同的影响，需对脱荚率T_1、豆荚破损率T_2进行处理，转换为指标隶属度值。经上面分析得知同等试验因素情况下，不同的青毛豆品种脱荚率、破损率基本保持一致，故下面分析T_1、T_2为“萧农秋艳”、“豆通六号”试验结果平均值。T_1为偏大型指标，即越大越好，T_2为偏小型指标，即越小越好。因此根据式（6-11）、式（6-12）建立其隶属函数，得出指标T_1、T_2隶属度值r_{1n}、r_{2n}，见表6-6。由隶属度值构成模糊关系矩阵R_r如式（6-13）。

$$r_{i1}=\frac{T_{i\min}-T_{in}}{T_{i\min}-T_{i\max}}(i=1,n=1,2,\cdots,9) \qquad (6-11)$$

$$r_{i2}=\frac{T_{i\max}-T_{in}}{T_{i\max}-T_{i\min}}(i=1,n=1,2,\cdots,9) \qquad (6-12)$$

$$R_r=\begin{pmatrix} r_{11} & \cdots & r_{19} \\ \vdots & \ddots & \vdots \\ r_{21} & \cdots & r_{29} \end{pmatrix} \qquad (6-13)$$

本试验以提高脱荚率，减少豆荚破损率为目标，根据这2个性能指标的重要性，确定本试验权重分配集P=［0.75，0.25］，即脱荚率和豆荚破损率的权重分别为0.75、0.25。由模糊矩阵Rr与权重分配集P确定模糊综合评价值集Ux，其中Ux=p×Rr，综合评分结果见表6-6中Ux列。将综合评分结果进行极差分析（表6-7），分析结果表明，综合影响果秧分离指标的主次因素为：A>C>B，最优参数组合为$A_2B_3C_1$，即脱荚辊转速600r/min，辊间距18mm，喂料速度0.3m/s。方差分析见表6-8，结果表明：在95%的置信度下，脱荚辊转速、辊间距对荚柄分离质量的影响具有显著性，喂料速度影响不显著。

表6-5　各性能指标方差分析

品种	指标	因素	离差和	自由度	平均离差平方和	F值	P值
萧农秋艳	脱荚率	A	266.573	2	133.287	17.622	0.050
		B	0.205	2	0.102	0.014	0.987
		C	16.087	2	8.043	1.063	0.485
		误差	15.127	2	7.564		
	破损率	A	51.887	2	25.944	38.640	0.025
		B	3.898	2	1.949	2.903	0.026
		C	1.025	2	0.512	0.763	0.567
		误差	1.343	2	0.671		

（续表）

品种	指标	因素	离差和	自由度	平均离差平方和	F值	P值
豆通六号	脱荚率	A	306.290	2	153.145	41.091	0.024
		B	0.375	2	0.188	0.050	0.952
		C	11.428	2	5.714	1.533	0.395
		误差	7.454	2	3.727		
	破损率	A	44.123	2	22.062	35.521	0.027
		B	2.022	2	1.011	1.628	0.038
		C	1.238	2	0.619	0.997	0.500
		误差	1.242	2	0.621		

表6-6　综合评分结果

试验号	指标隶属度值		综合评分
	R_{1n}	R_{2n}	U_x
1	0.230	0.532	0.306
2	0.066	0.717	0.229
3	0	1	0.25
4	0.571	0.700	0.603
5	0.851	0.728	0.820
6	0.939	0.809	0.907
7	1	0	0.75
8	0.965	0.012	0.727
9	0.908	0.037	0.690

表6–7　综合评分极差分析

指标	辊转速	辊间距	喂料速度
K_1	0.217	0.553	0.647
K_2	0.777	0.592	0.507
K_3	0.723	0.616	0.607
R	0.187	0.021	0.047
因素主次		A>C>B	
最优组合		$A_2B_3C_1$	

表6–8　综合评分方差分析

方差来源	离差和	自由度	平均离差平方和	F值	P值
A	0.480	2	0.240	28.033	0.034
B	0.006	2	0.003	0.351	0.074
C	0.031	2	0.015	1.802	0.357
误差	0.017	2	0.009		

（四）试验验证

为了验证最优组合方案的科学性与正确性，同时，确保优选前后青毛豆荚柄分离脱荚率、破损率有可比性，进行验证试验，选取脱荚辊转速600r/min，辊间距18mm，喂料速度0.3m/s。选取“萧农秋艳”及“豆通六号”品种各100株进行试验，试验结果表明，优选后的青毛豆荚柄分离试验结果，脱荚率为99.0%，破损率为2.4%。优选后的青毛豆荚柄分离装置的综合性能明显改善。

第三节　5TD60型固定式青大豆脱荚机

一、总体结构和工作原理

青大豆脱荚机主要用于菜用大豆的茎叶与豆荚的分离，是一种非常专业的专用机械，在提高劳动生产力、节省劳动力、降低成本等方面将有显著效果。

5TD60型固定式青大豆脱荚机（图6–4）的配套动力为4kW电动机，整机主要由链式输送装置、旋转脱荚装置和收集与排杂装置3大部分组成，包括机架、电机、风机、进料口、压料杆、输送夹持装置、集料台、上脱荚辊、清选筛、下脱荚辊、减速机、驱动链轮等结构。主要性能指标和技术参数如表6–9所示。

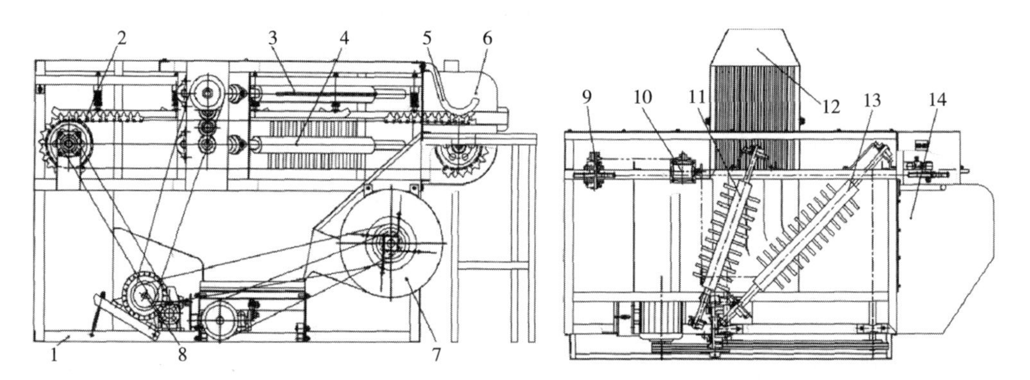

1. 机架；2. 输送夹持装置；3. 上脱荚辊；4. 下脱荚辊；5. 压料杆；6. 进料口；7. 风机；8. 电机；9. 驱动链轮；10. 减速机；11. 后脱荚辊组；12. 清选筛；13. 前脱荚辊组；14. 集料台

图6–4　5TD60型固定式青大豆脱荚机结构简图

表6–9　主要性能指标和技术参数

项目	数值
配套动力（kW）	4
外形尺寸（长×宽×高）（mm）	1 500×1 100×1 100
整机质量（kg）	300
生产率（含茎秆）（kg/h）	≥300
脱净率（%）	≥98
破损率（%）	≤3
清洁度（%）	≥90

5TD60型固定式青大豆脱荚机的工作原理为：脱荚机工作时，由人工将单株未脱荚的菜用大豆植株茎杆根部置于输送链和夹持压板构成的夹持输送机构中，菜用大豆植株随输送链的运动逐渐进入上、下两脱荚辊之间，在交错的脱荚翼旋转的拍捋作用下，豆荚纷纷从茎杆上被“摘采”脱落。由于不存在插入菜用大豆植株的钉齿，因此在脱荚过程中，茎叶基本不会被打落，从而简化了后续的清选作业。

二、主要工作部件设计

（一）链式输送装置设计

链式输送装置通过输送链上的加持压板将菜用大豆植株夹紧输送至旋转脱荚装置进行脱荚作业。该装置位于机架的一边，主要由输送机构和夹持机构组成。夹持机构由夹持齿和链条组成。菜用大豆植株经人工由喂料口喂入，夹持齿夹紧菜用大豆植株的根部，避免脱荚过程中掉落而降低脱荚效果，经输送机构运输至脱荚机构完成脱荚作业。

（二）旋转脱荚装置设计

旋转脱荚装置直接影响脱荚机的脱荚率、破损率、含杂率等主要性能指标和工作可靠性。5TD60型固定式青大豆脱荚机的旋转脱荚装置主要由两个脱荚辊组构成，辊轴组的轴线与输送方向分别呈45°和70°的夹角，如图6–5所示。每个辊组由上脱荚辊、下脱荚辊组成，每个辊轴上具有间隔分布且径向延伸的柔性脱荚齿，上脱荚辊、下脱荚辊的柔性脱荚齿在安装位置上呈90°相互交错。工作时，未脱荚的菜用大豆植株随输送链的运动逐渐进入上脱荚辊和下脱荚辊之间，在交错的柔性脱荚齿击打作用下，豆荚纷纷从豆杆上脱落，已脱荚的茎杆从机器末端排出。未脱荚的菜用大豆植株在脱荚过程中经过二次不同方向的柔性脱荚齿击打，可以进一步提高脱荚率；柔性脱荚可有效解决了菜用大豆脱荚时产生的脱荚不净和堵塞等问题，同时，极大降低了脱荚时的破损率。

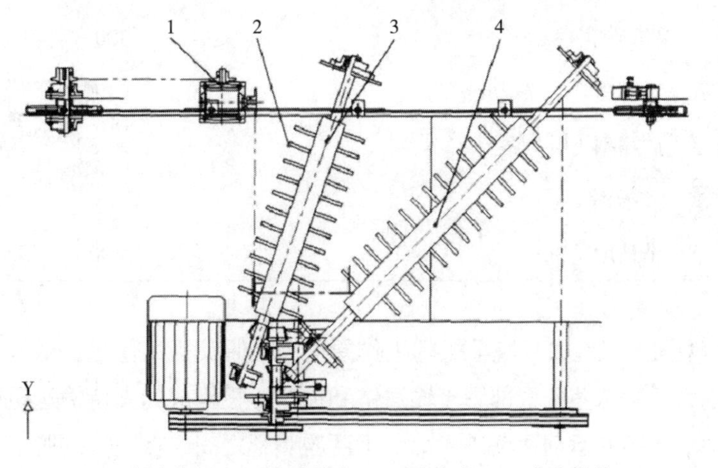

1. 后脱荚辊；2. 前脱荚辊；3. 脱荚齿；4. 减速机构

图6–5　旋转脱荚装置结构简图

（三）收集与排杂装置设计

收集与排杂装置将饱满豆荚与未成熟豆荚分离，利用离心式风机将茎杆、叶片等杂质吹出。该装置主要由分拣筛、除杂风机及动力机构等组成，如图6-6所示。

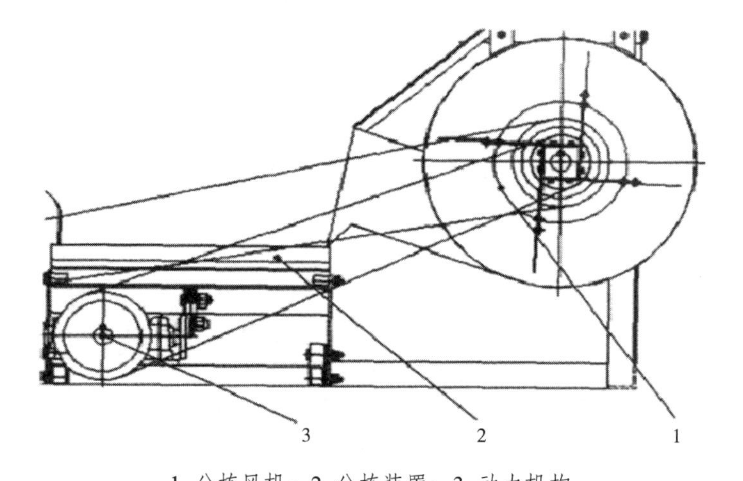

1. 分拣风机；2. 分拣装置；3. 动力机构

图6-6　收集与排杂装置结构简图

分拣筛与脱荚机机体采用振动弹簧片连接，皮带轮在电动机的驱动下，通过带动偏心轮转动，实现分拣筛的前后振动。分拣筛采用双层结构，可同时实现饱满豆荚与未成熟豆荚的分离。电动机带动位于出料口的离心式风机吹出杂质。

三、样机田间试验

（一）试验目的

通过田间试验，测定5TD60型固定式青大豆脱荚机的主要性能指标，包括生产率、破损率、脱净率、含杂率和收集率等。

（二）试验条件

2011年6月在武汉市蔡甸区进行青大豆脱荚机性能试验。试验共进行4次，分别取青大豆重量为10kg、20kg、30kg和40kg左右。青大豆品种选择“绿宝石”，其全生育期125d，株高100cm，分枝5～7个，花多荚密，结荚高度10～15cm，单株结荚150～200个，重250～300g。

（三）试验结果

5TD60型固定式青大豆脱荚机性能测定结果见表6-10。

表6-10　5TD60型固定式青大豆脱荚机性能测定表

测定项目	第一次	第二次	第三次	第四次	平均值	设计要求
脱荚前总重（kg）	11.418	22.662	30.724	41.361		
收集的豆荚（kg）	6.394	10.937	14.228	19.135		
未脱夹的豆荚（kg）	0.117	0.216	0.281	0.382		
伤豆荚（kg）	0.021	0.039	0.051	0.057		
杂质（kg）	0.073	0.088	0.134	0.150		
时间（h）	0.040	0.070	0.100	0.140		
生产率（纯豆荚）（kg/h）	159.850	156.243	142.228	136.679	148.750	120
生产率（含茎秆）（kg/h）	285.450	323.743	307.240	295.436	302.967	300
脱净率（%）	98.203	97.192	98.063	98.965	98.106	≥98
破碎率（%）	0.328	0.357	0.358	0.298	0.335	<3
清洁度（%）	98.858	99.195	99.058	99.216	99.082	≥90

四、结果分析

（1）青大豆脱荚作业生产率平均值为303kg/h，达到企业加工标准，远远高于人工摘荚效率。不同批次脱荚效率产生的差异，主要是由于操作工人喂料熟练程度不同造成的。5TD60型固定式青大豆脱荚机采用单株喂料方式，操作工人经过一定时间的培训，生产效率可达300kg/h以上。

（2）清洁度为98.082%，远高于≥90%的要求值。主要是因为采用先清理后收集的方式，在杂质进入收集箱之前已被清选装置清除掉了，避免了二次清选，极大降低了劳动成本。

（3）脱净率为98.106%，已达到青大豆人工摘荚的脱净水平。青大豆含水率较高，脱荚时会出现粘附现象，当多个豆荚依附在一起通过旋转脱荚装置时，不易被脱掉，如果在脱荚前进行适当地摊放，降低青大豆含水率，脱净率将会进一步提高。齿脱荚方向与茎杆前进方向平行，与豆荚成90°，豆荚通过旋转的上脱荚辊、下脱荚辊之间时，脱荚齿迅速将豆荚拍落，对豆荚不产生挤压、搓揉作用，避免出现豆荚破碎现象。

五、结论

青大豆人工摘荚不仅劳动强度大，而且生产效率十分低下，严重制约了青大豆产业的发展。5TD60型固定式青大豆脱荚机生产率、清洁度、脱净率及破碎率等性能指标均达到了设计标准，其不仅满足了企业的生产需求，而且填补了农业机械在青大豆脱荚这一领域的空白。同时，5TD60型固定式青大豆脱荚机的研究开发成功，对提高农业生产效率、减轻劳动强度、降低成本、促进产业结构健康发展和农村经济可持续发展有着十分重要的现实意义。

第七章　蔬菜生产机械化技术展望

蔬菜收获作为劳动强度最大、耗时最多的生产环节，目前受蔬菜品种和种植农艺的多样性、装备通用性和智能化程度低，以及农机与农艺协调性差等多方面因素影响，收获装备仍处于样机研发或试验阶段。接下来要有重点的开展关键技术突破和收获装备研究，可着重从以下5个方面开展研究工作：

一、蔬菜收获机通用性有待提高

我国种植的蔬菜种类繁多、种植方式和生长特性差异大，现有的蔬菜收获机大多针对一两种作物收获，专用性很强，机具利用率低、生产成本高，多数农户难以接收，推广使用困难。因此，在考虑成本因素时，就要提高蔬菜收获机械的通用性，开发针对某大类蔬菜收获的机型，或通过更换部分零部件，或调整工作参数来实现多种蔬菜的收获。此外，随着设施农业的快速发展，设施种植蔬菜的面积逐年增加，开发的收获机要尽可能紧凑、轻便，兼顾设施结构与尺寸。

二、有序收获技术与装备研发是研究重点

根据我国消费者的购买习惯，大多数的茎叶类蔬菜均需实现有序收获，如鸡毛菜、芦蒿、韭菜等。目前国内外的茎叶类蔬菜收获机大多为无序和半有序收获，即被切割的蔬菜散乱无序的收集入箱（袋），或需人工整理有序装箱。无序收获的蔬菜不仅品相和价格低，也给后续人工整理增加了难度。因此，只有真正实现茎叶类蔬菜的有序收获，才能从根本上降低劳动强度，提高经济效益。

三、茎叶类蔬菜带根收获机需求迫切

对于菠菜、小青菜等需要带根收获的茎叶类蔬菜，收获机不仅能在土下进行切割，而且要具有清洁去土的功能。由于土下切割情况复杂，切割阻力大，会受

到土壤、沙石的阻力作用，也会出现崩刀、石砾卡刀等诸多现象，因此需要切割刀具有足够的强度和硬度。此外，如何快速、高效的清洁掉茎叶类蔬菜上的沙和土也是未来研究的重点和难点。目前市面上的带根收获机多是用来收获马铃薯等根茎类蔬菜，其物理力学特性与茎叶类蔬菜相差甚远，收获方式也大不相同，因此茎叶类蔬菜带根收获机的需求日益迫切。

四、结球类蔬菜收获机应致力于提升智能化程度

目前国内研发的结球类蔬菜收获机械大多结构形式单一，机具的智能化程度较低，只能进行简单的一次性收获。随着智能机器人技术的兴起，智能控制技术、机器视觉技术、传感器技术、导航定位技术等都得到了快速发展。国外已有关于机器人收获结球类蔬菜的报道，将机器视觉技术与传感器技术结合从而实现结球类蔬菜的选择性收获。随着精准农业的兴起，将智能控制与导航定位技术运用到结球类蔬菜收获过程中，便可将结球类蔬菜机械收获中的损失率和损伤率降至与人工相同甚至更低的水平。未来的结球类蔬菜收获机械想要具备更强的适应性和通用性，降低收获损伤率，必将在智能化程度上有所突破。

五、加强种植农艺规范性和农机农艺融合

蔬菜机械化收获效率高低和性能好坏与农艺规范性有很大关系，如整地做畦的宽度、高度、平整度、畦面坚实度，播种的行株距、播种量多少等。此外，整地、播种、移栽等环节机具作业性能是否符合机械化收获的种植要求、各环节机具是否配套等均会影响收获装备性能的发挥。因此，规范种植农艺，加强农机农艺融合，提高各环节机具作业的匹配度，是实现蔬菜全程机械化的关键。

主要参考文献

［1］ 陈鸿，陈娟. 我国蔬菜产业现状分析与发展对策[J]. 长江蔬菜. 2018（2）：81-84.

［2］ 农业部. 2016年全国各地蔬菜、西瓜、甜瓜、草莓、马铃薯播种面积和产量[J]. 中国蔬菜，2018（1）：18.

［3］ 刘宪. 中国农机学会农机维修分会2017学术年会专题报告[J]. 农机使用与维修. 2017（11）：1-4.

［4］ 肖体琼，崔思远，陈永生，等. 我国蔬菜生产概况及机械化发展现状[J]. 中国农机化学报. 2017，38（8）：107-111.

［5］ 徐丽明，张铁中. 果蔬果实收获机器人的研究现状及关键问题和对策. 农业工程学报，2004，20（5）：38-42.

［6］ 肖体琼，崔思远，陈永生，等. 国内外蔬菜机械化生产技术体系研究综述. 北方园艺，2017（9）：183-187.

［7］ Mcphee J E，Aird P L，Hardie M A，et al. The effect of controlled traffic on soil physical properties and tillage requirements for vegetable production[J]. Soil & Tillage Research. 2015，149：33-45.

［8］ 秦广明，肖宏儒，宋志禹. 5TD60型青大豆脱荚机设计与试验[J]. 中国农机化. 2011（5）：80-83.

［9］ 杨光，肖宏儒，宋志禹，等. 叶类蔬菜收获环节机械化还需跨过几道坎[J]. 蔬菜. 2018（6）：1-8.

［10］Rehkugler G E，Shepardson E S，Pollock J G. Development of a Cabbage Harvester[J]. Transactions of the ASAE. 1969，12（2）：153-157.

［11］张秋英，李彦生，王国栋，等. 菜用大豆品质及其影响因素研究进展[J]. 大豆科学. 2010，29（6）：1 065-1 070.

［12］秦广明，肖宏儒，宋志禹. 5TD60型青大豆脱荚机设计与试验[J]. 中国农机化. 2011（5）：80-83.

［13］肖宏儒，金月，宋志禹，等. 茎叶类蔬菜生产技术装备应用与发展趋势分析. 中国蔬菜，2018（6）：17-21.

[14] 糜南宏，赵映，秦广明，等. 蔬菜全程机械化研究现状与对策[J]. 中国农机化学报. 2014，35（3）：66–69.

[15] 韦勇，秦广明，金月，等. 叶菜收获机械的研究现状及发展趋势[J]. 农业开发与装备. 2016（8）：98–100.

[16] Shepardson E S，Markwardt E D，Millier W F，et al. Mechanical harvesting of fruits and vegetables. [J]. College of Agriculture & Life Sciences. 1970.

[17] Fluck R C，Hensel D R，Halsey L H. Development of a Florida mechanical cabbage harvester[J]. Fla State Hort Soc Proc. 1969.

[18] 丁馨明，何白春，薛臻. 小型叶菜收割机研发与市场初探[J]. 江苏农机化. 2014（2）：40–42.

[19] 李继伟，卞丽娜，陈树人，等. 秧草力学特性与机械化收获研究[J]. 农机使用与维修. 2013（10）：30–32.

[20] 秦广明，赵映，肖宏儒，等. 高速双动小型手扶式叶菜收获机设计与运动分析[J]. 中国农机化学报. 2015，36（5）：9–12.

[21] 陈树人，吴明聪，卞丽娜，等. 一种秧草收割机切割装置：中国，201310712667. X ［P］. 2013-12-23.

[22] 高龙，弋景刚，孔德刚，等. 小型智能叶菜类蔬菜收割机设计[J]. 农机化研究. 2016，38（9）：147–150.

[23] 章永年，施印炎，汪小昰，等. 茎叶类蔬菜有序收获机柔性夹持输送机构设计[J]. 中国农机化学报. 2016，37（9）：48–51.

[24] 王俊，杜冬冬，胡金冰，等. 蔬菜机械化收获技术及其发展[J]. 农业机械学报. 2014，45（2）：81–87.

[25] 肖宏儒，金月，李坤，等. 一种轻简型叶菜蔬菜收获机：中国，201520590556. 0 ［P］. 2015-08-07.

[26] 农业部. 中国农业统计资料[M]. 北京：中国农业出版社，2012.

[27] 农业部. 中国农业统计资料[M]. 北京：中国农业出版社，2013.

[28] 王芬娥，郭维俊，曹新惠，等. 甘蓝生产现状及其机械化收获技术研究[J]. 中国农机化. 2009（3）：79–82.

[29] 李小强，王芬娥，郭维俊，等. 甘蓝根茎切割力影响因素分析[J]. 农业工程学报. 2013，29（10）：42–48.

[30] 周成，陈海涛，李丽霞. 结球甘蓝特性及收获机械化现状分析[J]. 东北农业大学学报. 2012，43（8）：135–138.

[31] 杜冬冬. 履带自走式甘蓝收获机研究及称重系统开发[D]. 浙江大学，2017.

后 记

自“十二五”以来，国家逐渐加大了对蔬菜生产机械化研发的投入力度，国家科技支撑计划、重点研发计划等重大蔬菜机械科研项目获批立项，特别是中国农业科学院创新工程项目，为蔬菜机械的研发提供了稳定的资金支持。农机购机补贴政策适当向蔬菜生产机械倾斜，对蔬菜生产机械应用与推广发挥了积极的推动作用。作为一个长期从事蔬菜生产装备研发的科研工作者，我始终做到恪尽职守，深入基层调研蔬菜生产规模、种植农艺现状，摸清蔬菜生产机械化存在的问题和研发重点难点，解决蔬菜生产面临的紧要问题。

经过近十年的钻研探索，团队取得了一些研究成果，研发的系列化蔬菜整地播种复式作业机、3CC-60型松土除草机、3S-30型光电气色复合式害虫捕获机、4GCY-1200型手扶式叶菜有序收获机、4GCB-2型自走式甘蓝收获机、5TD60型青大豆脱荚机、4GOQ-160型多行自走式鲜食青大豆收获机等多种蔬菜生产机械装备得到了行业专家和菜农的认可。

为了使研究成果能更好的推广和应用，推动我国蔬菜产业结构性改革和加快蔬菜生产机械化的发展，经过半年多的努力，我们完成了这些年的研究成果总结——《蔬菜生产机械化装备技术研究》一书终于定稿。书中主要阐述关于我国蔬菜生产机械化未来的发展模式，总结归纳最新作业装备的研究与设计过程，以及相应的试验、性能、效益等。由于研究工作仍在继续，许多正在研究之中的机械装备无法收录其中，后续有机会再做整理。希望本书的出版能对蔬菜机械科研工作者、农业院校师生以及广大的菜农朋友有些许帮助，对我国蔬菜生产机械化发展起到一点积极作用。

在项目研究过程中，梅松参与了第三章中多工序西芹种植一体机项目的研究工作，刘东参与了第四章中4GCY-1200型茎叶类蔬菜有序收获机项目的研究工作，张健飞、姚森参与了第五章中4GYZ-1200型自走式甘蓝收获机项目的研究工作，秦广明、赵映参与了第六章中5TD60型固定式青大豆脱荚机项目的研究工作。在这里，向所有在项目的实施期间，对本团队提供过支持与帮助的领导、同事、学生与业内同仁，以及在本书撰写过程中给予我关心、支持和帮助的领导、同事们，表示衷心的感谢！向团队成员——宋志禹、丁文芹、梅松、赵映、韩余、杨光、夏先飞、张健飞、蒋清海——长期以来在研究工作中的辛勤付出表示诚挚的谢意！蒋清海、张健飞、杨光、姚森参与了全书研究资料的整理校对工作，在此一并表示感谢！

特别感谢中国农业科学院科技创新工程项目、国家重点研发计划项目——蔬菜智能化精细生产技术与装备研发（2017YFD0701300）、江苏省农业科技自主创新资金项目——叶菜（不结球白菜、甘蓝）产业链技术创新与集成应用（CX（15）1015）等对本项目研究的大力支持！

主要参考文献已在书后列出，在此也对各位作者表示感谢！

尽管撰稿时力求文字凝练、信息准确，然而由于作者水平有限，加之时间仓促，错误、疏漏等不足之处在所难免，敬请广大读者批评指正。

作 者

2019年7月